KB023881

경북의 종가문화 I

사당을 세운 뜻은,
고령 점필재 김종직 종가

경북의 종가문화 ①

사당을 세운 뜻은,
고령 점필재 김종직 종가

기획 | 경상북도 · 경북대학교 영남문화연구원
지은이 | 정경주
펴낸이 | 오정혜
펴낸곳 | 예문서원

편집 | 유미희
디자인 | 김세연
인쇄 및 제본 | 주) 상지사 P&B

초판 1쇄 | 2011년 12월 23일

주소 | 서울시 성북구 안암동 4가 41-10 건양빌딩 4층
출판등록 | 1993. 1. 7 제6-0130호
전화 | 925-5914 / 팩스 | 929-2285
홈페이지 | http://www.yemoon.com
이메일 | yemoonsw@empas.com

ISBN 978-89-7646-269-5 04980
ISBN 978-89-7646-268-8(전10권)

값 15,000원

경북의 종가문화 1

사당을 세운 뜻은,
고령 점필재 김종직 종가

정경주 지음

예문서원

　　세상에는 기존의 규범을 해체하여 새로운 규범을 수립하는 이가 있고, 이미 이루어진 규범을 순순히 따라 지켜 나가는 이가 있다. 기존의 규범을 해체하여 새로운 규범을 세우는 데는, 진실로 뛰어난 지혜와 세상 사람이 감복할 만한 덕성을 갖춘 이가 아니라면 섣부른 개혁과 서툰 경영으로 기필코 세상과 사람을 병들게 하게 되고, 이미 이루어진 규범을 지켜 나가는 데는, 투철한 식견과 확고한 신념을 가진 이가 아니라면 또한 타성에 젖은 태만과 사욕에 찌든 안일로 기필코 세상과 사람을 병들게 하고 만다. 참으로 병폐 없는 규범을 강구하여 천하 만세에 혜택을 전하는 것이 진실로 성인이 아니면 불가능한 것은 이 때문이다.

점필재 선생 김종직은 공자와 맹자를 성인으로 받드는 유학을 국가 운영의 기본 방침으로 삼았던 조선 초기에 공맹의 이념을 계승하여 도덕 문명의 이상 실현 가능성에 대한 희망을 후학들에게 심어 주었던 사림의 스승이었다. 사람의 사람다운 가치를 인간관계의 도리 실천에 두고 개개인의 집안에서부터 효도와 우애의 도리를 실천하여 사회, 국가, 인류와 천지 만물에 이르기까지 공존과 화해를 도모할 수 있으리라는 성리학의 신념은,『소학』과『가례』의 실천이라는 형태로 점필재와 그 문도들에 의하여 확산되어 갔고, 그것은 마침내 조선 방방곡곡 집안마다 가묘를 건립하여 종가를 중심으로 제사를 받들며 효도와 우애를 무엇보다 우선하는 인격의 미덕으로 여기는 기풍이 되었다.

지금에 와서 지난 약 600년의 일을 돌이켜 그 근원을 요약하자면 이렇게 말할 수 있지만, 그러나 그것은 결코 평탄하고 순조로운 일은 아니었다. 인간관계의 도리를 존중하여 효도와 우애와 충성과 신의의 미덕을 상찬하고 패륜과 반역을 미워하였던 점필재와 그 문도들은 도리어 그들을 질시하고 시샘하였던 일부 사람들에 의하여 반역의 무리로 몰려 처단당하였고, 그들을 반역으로 몰았던 자의 말과 논리가 마치 사실인 양 버젓이 행세하는 형국이 되어 버렸던 것이다. 내가 점필재와 그 문도들을 안타까워하는 것은 바로 이 때문이고, 그 일과 관련하여 나의 글과 말이 강개하지 않을 수 없는 것도 바로 이 때문이다.

점필재는 밀양의 한골에서 태어나고 묻혔으나, 점필재 후손들이 점필재의 불천위 사당을 모시고 세거하는 종가는 고령의 개실에 있다. 외가곳을 따라 거주지를 옮겼던 조선 전기의 풍속에 의해 후손들이 이주하였던 결과이기는 하지만, 가산을 적몰당하고 부관참시를 당하였던 모진 사화의 여파가 크게 작용하였던 것이다.

영남문화연구원으로부터 점필재종가에 관한 집필을 의뢰받고서 내가 망설이지 않고 승낙하였던 것은, 문헌으로 전하는 기록 외에 그 집안사람들의 말과 관습 속에서 점필재의 옛 자취를 더듬어 보려는 생각에서였다. 점필재의 생애와 행적을 기술한 이 글의 일부 내용은 2005년 문화관광부의 위촉으로 집필한 '6월의 문화인물 김종직'에 실린 것을 약간 다듬은 것이다. 내용을 바꾸지 않은 것은 그때나 지금이나 점필재에 대한 나의 생각이 바뀌지 않았기 때문이다. 점필재에 대한 나의 생각은 지금 집필하고 있는 별도의 책에서 자세히 서술할 계획이다.

집필 과정 내내 병석에 있었던 종손 김병식을 만나 이야기를 들을 기회를 가지지 못하고 마침내 조문객으로 분향할 수밖에 없었던 것은 못내 아쉬운 일이었다. 그렇지만 차종손 김진규와 김기수 옹은 성가신 질문에도 친절하게 답변하고 자료를 제공하며 안내해 주었다. 그로 인하여 이 글이 완성될 수 있었기에 그 후의에 감사드린다. 참관기 형식으로 쓴 이 글 곳곳에 들어 있는 나의

억측과 주장이 혹시라도 이분들에게 누가 되지 않기를 바랄 뿐이
다.

2011년 단오절
밀양 부북면의 산목재에서
정경주

차례

제1장 한골에서 개실까지

1. 개화산의 문충세가

　　백두대간은 한반도의 남반부를 비스듬히 횡단하여 덕유산
을 이루었다가 동쪽으로 흘러 가야산이 된다. 가야산에서 남쪽
으로 흘러 야로읍 서편으로 내려온 산맥이 고령군 서쪽에서 만대
산萬岱山을 이루고, 만대산 자락이 동쪽으로 흘러 어태산 봉우리
를 이룬 다음, 한 갈래 산맥이 야천倻川을 따라 동쪽으로 뻗어 용
담 들 끝에 멈추어 개화산을 만들고, 어태산의 다른 한 줄기가 동
남쪽으로 흘러 지릿재와 장동재를 거쳐서 북쪽으로 감돌아 용담
앞에 멈추어 개화산과 마주하여 접무봉蝶舞峰을 이루는데, 접무봉
의 나비가 반쯤 피는 개화산의 꽃을 향해 날아드는 곳에 점필재
종택이 있다.

개화산 기슭에서 내려다본 개실마을
정면 아래쪽이 사당이고, 소나무 가지 끝이 가리키는 곳이 점필재 선생 문충공 김종직 종택의 사랑채이다.

경상북도 고령군과 경상남도 합천군의 경계에 위치한 이곳은 사방이 산으로 둘러싸인 협곡에 열린 작은 분지이다. 고령읍에서 합천읍으로 향하는 33번 국도 한 가닥이 마을 앞을 지나가기는 하지만, 용담천에 걸쳐진 귀원교를 거쳐 산모롱이를 돌아서면 조금 하늘이 열린 곳에 단지 마을 하나가 들어설 만한 전답이 펼쳐져 있고, 마을에서 남쪽의 용당골을 옆에 두고 지릿재를 넘어 합천군 율곡면 와리에 이르기까지의 20리 길이 산중의 외길이다. 그래서 차종손 진규는 이런 말을 하였다.

> 우리 동네를 보시면 아시겠지만, 이렇게 협곡입니다. 협곡이라서 여기 토지가 많이 없어요. 다른 쪽에 다른 종가들 가 보면 앞이 탁 틔어 있고 그 논밭이 많고. 한데 여기 들어와 보시면 아시겠지만 사실은 농토가 적어요. 그래서 옛날 분들이 여기서 먹고 살기가 굉장히 곤궁했던 게 사실이에요.

개실마을에 들어서면 마을 앞으로 지나는 도로변에 김씨세거비金氏世居碑를 비롯한 네 기의 비석이 서 있고, 그 뒤에 점필재의 도학연원을 기리는 재실인 도연재가 있는데, 도연재 동편의 직선으로 이어지는 골목 끝에 솟을대문이 솟아 있다. 솟을대문을 들어서면 막돌로 쌓은 기단 위에 문충세가文忠世家라 쓴 편액을 단 다섯 칸의 사랑채 건물이 나타난다. 문충은 점필재 김종직

점필재종택의 솟을대문. 대문 안쪽으로 큰사랑이 보인다.

의 시호이다.

　개화산 기슭 비탈에 동남향으로 앉은 사랑채는 서편으로 세 칸은 방이고, 동편의 두 칸은 마루이다. 마루에 앉으면 대문 위로 바로 앞에 둥그런 접무봉이 춤을 추며 정답게 다가온다. 사랑채에서 동편으로 돌아 동편 담장 옆에 있는 우물을 지나 안마당으로 들어서면 대나무 숲을 배경으로 두 층으로 쌓은 높다란 기단 위에 세운 여덟 칸의 안채가 있다. 안채는 가운데 두 칸의 대청을 중심으로 서편에 두 칸의 안방이 있고, 안방의 서편 두 칸은 부엌

이며, 대청의 동편 두 칸은 건넌방인데, 건넌방 앞으로 누마루 형식의 아담한 툇마루를 달아내고 난간을 세웠다.

안마당의 동편에는 우진각 지붕의 세 칸짜리 아담한 중사랑이 있는데, 안마당을 등지고 동편으로 앉았다. 내외법을 적용한 것이다. 안마당의 서편에는 광과 방앗간과 마구간을 겸한 네 칸의 고방채가 있는데, 광과 방앗간으로 쓰던 곳은 판장문을 달아 닫아 놓았고, 마구간으로 쓰던 곳은 장작을 쌓아 놓았다. 고방채 북쪽 안채 서편의 장독대에는 크고 작은 독이 올망졸망 늘어서서 햇살을 받고 있다.

중사랑에서 동편으로 십여 보 남짓 제법 떨어진 곳에 토담을 두른 사당이 있고, 사당 문 앞에 오랜 세월을 견뎠음 직한 키 큰 백일홍 고목이 서 있는데, 백일홍 앞으로 넓게 친 담장 안쪽에 서림각撺林閣이라 현판을 붙인 유물관이 있다.

개실마을은 모두 기와집이다. 2001년 행정자치부로부터 '아름다운 마을'로 선정되기 이전부터 이 마을은 문충공의 후손들이 모여 사는 집성촌으로 기와집이 많았는데, 이후 동네를 정비하면서 거의 모든 집이 기와지붕으로 단장하였다.

우리 동네는 집성촌이라서 일가들이 살다 보니까 굉장히 뭉치는 게 많이 있어요. 여기는 저희 어릴 때만 하더라도 다른 동네 사람 우리 동네 못 들왔어요. 그런 우리 동네 똘똘 뭉치는 강점을 가지고 있고, 그게 지금 발전이 돼 가지고 관광화가 됐는데, 이거도 사실은 관광화를 만들려고 했던 게 아니었고, 자꾸 객지 쪽으로 사람들이 다 나가다 보니까, 이제 남은 집 해 봐야 한 사십몇 세대, 저희들이 한창때 백삼십 세대가 있었는데, 다 떠나가다 보니까 고육지책으로 남아 계신 분들이 농촌진흥공사에서 하는 그런 경진대회가 있었어요. 그게 한번 우리 나가 보자, 나가 보자 하면서. 이게 나가다 보니까 거기서 입상도 하고, 이렇게 하면서 이게 지금 마을이 점점점 알려져 가지고 관광화가 된 거거든요.

우리 동네가 촌락이 이 길로 진주까지 가도 요런 동네가 된 데가 드뭅니다. 옛날부터 기와집이 많았거든요. 와가촌이 많았는데, 지금은 또 새로 기와로 개조해 가고 있는데, 사실 이 동네는 전통 가옥이 많고, 또 조상을 좋은 조상을 모시고 계시고, 사당도 여 계시제, 이래 노니까 저 동네는 참 옛날 그러한 동넨데, 그런 사람들이 호기심을 가지고 이게 시발이 돼 가지고 지금까지 발전이 됐는데, 그러나 그기 한편으로 우린 볼 때 좋은 점도 있지만 나쁜 점도 많이 있어요. 우리는 참 좋은 조상을 여 모시고 아주 참 그 재래식으로 동네를 운영하고 있는데, 저기 저런 사업이 들오고 나니까 다 다 개방이 됐쁘단 말입니다. 이래 가지고 볼 거도 비주고 못 볼 거도 비주고 이런 현상이 됐쁜기 그런 기 좀 아쉬움이 남지요.

개실마을의 도연재와 김씨세거비

2001년은 또한 문충공 후손이 이 마을에 정착한 지 350주년
이 되는 해였다. 문충공 17대 종손인 김병식金炳埴은 이를 기념하
여 그 전해에 김씨세거비를 비롯하여 오세효행비五世孝行碑, 병조
참의공유적비兵曹參議公遺蹟碑, 의사참봉공유적비義士參奉公遺蹟碑 등
네 기의 비석을 세우고, 이해 4월 22일 경향 각지의 문중 종친과
도내 및 향내의 유림을 초청하여 기념식을 거행하였다. 이때 세
운 김씨세거비에는 문충공 점필재의 후손이 이곳에 복거한 내력
과 가곡의 지세 및 인재와 희망을 서술하여 놓았다.

이곳 경상북도 고령군 쌍림면 가곡은 조선 유학의 종사 문충
공 점필재 선산 김종직 선생의 후예가 350년을 세거하면서 지
성으로 가꾸어 온 유서 깊은 마을이다. 저 무오사화의 여진으
로 선생의 후손은 수대에 걸쳐 밀양과 합천 야로로 번갈아 이
거하고 다시 고령 용담을 거치면서 지루한 유전流轉 우거寓居
의 고초를 겪었다. 그러나 명문은 필경 명구에 자리하는 법, 드
디어 김문은 산자수명한 이곳 가곡에 천년세거의 뿌리를 내리
게 되었으니 그때가 1651년 효종 2년 신묘이며 입향조는 선생
의 5대손 남계南溪 휘 수휘受徽이시다.…… 접무봉과 화개산을
앞뒤에 두고 좌랑봉과 필봉을 좌우에 거느린 천혜의 승지에서
일족은 안으로는 사대부의 정도를 지키고 국난에 처해서는 분
연히 일어나 의려義旅의 선봉을 맡음으로써 가곡의 성예를 드

높였다. 그 사이에 일문에서는 문과 7인과 일천 및 초시 21인
을 배출하였고 문한과 사환이 대를 이었으며 일찍이 임진란에
는 5세손 휘 성률聲律, 성진聲振, 성철聲徹 세 형제분이 토왜구
국討倭救國의 일선에 나아가 혁혁한 공을 세웠다. 참으로 오랜
세월에 걸쳐 여러 재실과 대소문호에서는 글 읽는 소리가 끊
이지 않았고 경향 각처의 홍유달관鴻儒達官과 시인묵객의 고담
과 풍류가 그치지 않았다. 마을에 산재한 문충공 부조묘, 종택,
도연재, 모졸재, 추우재, 화산재 등 많은 문화유산은 저간의 성
황을 말해 주는 생생한 물증이다.……

점필재는 조선 초기 도학의 학풍을 크게 일으켜 수많은 후학
을 양성함으로써 사림의 종사宗師로 추앙받았다. 그런데 문충세
가 점필재종택은 점필재의 고향이자 생시에 거처하고 묻혔던 밀
양을 멀리 떠나 고령의 궁벽한 산골 개실마을에 있다. 대부분의
종가가 명현이 태어나거나 생시에 거주하였던 곳에 있는 점을 감
안하면, 점필재의 후손이 그 선조의 고향을 떠나 다소 낯선 곳인
개실에 세거하면서 집성촌을 이루고 종택을 세워 전해 온 것은
조금 특이한 일이다. 점필재의 선공인 강호江湖 김숙자金叔滋의 부
조묘 역시 그 고향과 생시의 거주지를 떠나 거창군 남상면에 있
다. 이처럼 점필재 후손의 종택이 밀양의 한골을 떠나 고령의 개
실에 정착하기까지에는 무오사화 이후 점필재 후손들이 겪은 고

초가 함축되어 있다. 김씨세거비에 기록한 유전과 우거의 고초
는 이런 사정을 말한 것이다.

2. 한골에서 용담까지

　　점필재는 밀양의 한골에서 태어나 28세 때 부친상을 마치고 그곳에 명발와明發窩를 지어 거처하였으며, 한때 처가가 있었던 김천의 봉계에 경렴정景濂亭을 짓고 거처한 바 있으나, 52세 때 모부인이 별세하고 잇달아 초취부인 하산조씨(창녕조씨)가 세상을 버린 뒤로는 밀양과 재취부인 남평문씨의 고향인 합천 야로를 내왕하다가, 종국에는 밀양의 명발와에서 세상을 마치고 밀양의 무량원에 묻혔다. 세상을 버린 뒤 얼마 안 되어 또 사화로 인하여 무덤이 파헤쳐지는 화를 당하고 다시 밀양의 한골 뒷산에 묻혔다.

　　점필재는 어릴 때 형과 더불어 집 뒤쪽 서산에 올라 멀리 영남루 누각 아래 펼쳐진 밀양 읍내의 시가지를 바라보며 역사를 논하기도 하고, 영남루에 올라 「죽지사竹枝詞」를 짓기도 하였으며, 밀양읍 동편 월영사月影寺 옛터를 다니며 새로 지을 집터를 물색하기도 하고, 한때 명례明禮에 거처하면서 낙동강 도도한 물결과 강 건너 광활한 평야를 조망하는 수산진守山津의 절경을 노래하기도 하였다. 점필재의 생가 터인 한골의 뒷산에 오르면 동편으로 멀리 영남루가 어른거린다.

점필재는 밀양에서 태어나 밀양에 묻혔지만, 그 뒤에 일어난 참혹한 사화史禍로 인하여 점필재의 가족들은 고향 집을 지킬 수 없었다. 점필재는 초취부인 하산조씨와의 사이에 아들 셋과 딸 둘을 두었으나, 두 아들 억繶과 담紞은 일찍 죽고 가운데 아들 곤이 지지당 김맹성의 딸에게 장가들었으나 역시 후사 없이 죽고 말았으며, 딸 둘은 류세미柳世湄와 이핵李翮에게 시집갔다. 하산조씨는 점필재가 모친 밀양박씨의 3년상을 마친 1482년(성종 13) 초여름에 별세하였다.

그로부터 3년 뒤 을사년(1485)에 점필재는 남평문씨(1468~1552)를 부인으로 맞아들였는데, 여기서 아들 숭년嵩年과 신용계申用啓에게 시집간 딸을 두었다. 점필재가 별세할 때 숭년은 나이 7세였고, 남평문씨는 25세의 청상이었다. 무오년 사화가 일어나자 점필재는 역적으로 몰려 무덤이 파헤쳐져 부관참시의 형을 당하고, 집과 재산은 적몰되었으며, 재취부인 문씨文氏는 전라도 운봉현에 정속定屬되었고 아들 숭년은 13세의 나이로 겨우 형륙을 면

한 채 합천군에 안치되었다.

1506년 9월 중종반정이 일어나자, 그해 10월 대신들이 김종직의 문도로서 중죄를 입은 자에게 모두 추증의 은전을 베풀고 그 자손을 녹용錄用하기를 청한 일이 있었으나, 그 이듬해 연초에 유자광이 다시 점필재와 그 문도들을 모함하는 일이 있었으므로 이 일은 그대로 시행되지 못했다. 그러다가 1507년(중종 2) 4월 하순에 유자광이 부처付處의 형벌을 받은 다음, 6월에 예문관 관원들이 연명 상소를 올려 무오년 사화의 일로 적몰된 토지와 노비와 집을 되돌려 주도록 건의하여 윤허를 받음으로 인하여 문부인은 풀려나고 숭년은 참봉의 관직을 받았으며, 이에 따라 비로소 예전의 전답과 집을 되찾을 수 있었다.

점필재가 태어난 밀양 본댁에는 그 부친 강호 김숙자가 대부大夫의 신분으로 조선 초기의 제도에 따라 사당을 지어 3대의 신주를 모시고 있었다. 점필재가 그 부모의 상을 치르면서 저술한 『이준록』에 그 사실이 기록되어 있다.

강호의 유언에 의하여 가계를 계승한 점필재의 형 종석宗碩(1423~1460)은 1456년(세조 2) 봄에 대과에 급제하고, 곧장 강호의 상을 당하여 3년상을 치른 뒤에 성균관직학이 되었으나, 이듬해 1460년(세조 6)에 38세의 나이로 급작스럽게 별세하였다. 종석에게는 치緇와 연緣 두 아들이 있었는데, 사지당四止堂 연緣은 점필재의 훈도를 받아 1480년(성종 11)에 진사가 되어 성주교수를 역임하였다. 점필재 두 살 위의 형 종유宗裕는 진사에 합격한 뒤 안음훈도와 청송교수 등을 지내고 1489년(성종 20)에 찰방을 역임하였으며, 그 아래에 회繪, 수綬, 굉紘의 세 아들을 두었다. 강호가 복거한 밀양의 본댁을 점필재가 물려받았는지, 아니면 중형이나 조카들이 물려받았는지는 알 수 없다.

어쨌거나 무오사화에 점필재가 부관참시의 화를 당한 뒤 문부인과 아들 숭년은 가산을 적몰당하고 노비로 정속되었다가, 1507년(중종 2) 죄적罪籍에서 풀려난 뒤에 밀양의 고향 집으로 돌아왔다. 숭년은 무오사화에 화를 당한 명현의 후손을 등용하라는 조정 대신의 건의에 따라 관직을 받아 집경전참봉과 동부참봉에 임명되었으나, 관직을 굳이 멀리하라는 모부인의 당부를 받아들여 사은하고 얼마 안 되어 고향으로 돌아왔다. 참봉은 일직손씨一直孫氏 순무筍茂의 딸에게 장가든 후 세 아들을 두어 실낱같이 단절될 뻔하였던 점필재의 혈사血嗣를 넓히고, 1539년(중종 34) 54세의 나이로 별세하여 밀양 분저골에 있는 조부의 묘역 뒤에 묻혔다.

참봉 숭년의 장남 윤綸(1514~1529)은 문장을 잘 짓고 글씨를 잘 썼는데, 불행히도 그의 부친과 같은 해에 별세하고, 아들 천서天瑞를 낳아 참봉 벼슬을 계승하였지만 후사가 이어지지 않았다. 그러므로 가통은 둘째 아들 유維(1515~1562)에게로 넘어가서, 그가 몽령夢齡(1551~1580)과 석령錫齡 두 아들을 두어 가계家系를 이어 나갔다. 숭년의 셋째 아들 박재璞齋 뉴紐(1527~1580)는 1568년(선조 1) 진사에 합격하고 세마洗馬의 관직을 지내면서 문학으로 문충공의 사적을 정리하는 데 심혈을 기울였다.

참봉 숭년과 그 장남 윤綸이 잇달아 죽자, 문부인은 밀양을 떠나 친정이 있었던 합천 야로로 돌아가 그곳에서 거처하다가, 별세하자 합천 야로冶爐의 동을산冬乙山에 묻혔다. 『합천군지』의 인물조에 보면 점필재 김종직이 합천의 현내면縣內面에 우거하였다는 기록이 있고, 또 점필재의 셋째 손자 박재 뉴紐의 연보에 "점필재 선생께서 만년에 야로의 행정리杏亭里에 저택을 두었고, 참봉공도 일찍이 왕래하며 거주하였다"고 하였으며, 박재 역시 행정리에서 거주하다 그곳에서 별세하였으니, 이곳은 점필재의 자손들에게 낯선 곳이 아니었다. 『일선김씨역대기년』에 의하면, 1542년에서 1550년 사이에 문부인은 둘째 손자 유維와 함께 야로로 거처를 옮겨 살았고, 문부인이 별세한 뒤 1557년에 박재가 그 어머니 일직손씨를 모시고 야로로 옮겨 왔다고 한다. 이 무렵에 점필재의 자손은 모두 밀양을 떠났으므로, 일직손씨 역시 밀양의 분저골 남편 무덤 곁으로 가지 아니하고 야로의 시어머니 산소 아래 묻혔고, 셋째 아들 박재와 그 아들 을령乙齡 역시 이곳에 묻혔다.

점필재의 후손이 야로에서 다시 고령으로 들어와 정착한 것은 점필재의 손자 유維의 대에 와서이다. 참봉의 둘째 아들 유는 고령 용담龍潭에 세거하였던 양천최씨 참봉 세필世弼의 딸, 생원

최세명崔世鳴의 손녀에게 장가들어, 최씨의 세거지인 용담 송촌松村에 살다가 개실의 대사동大寺洞에 묻혔다. 그의 큰아들 몽령과 큰손자 성률聲律(1566~?)은 모두 쌍림의 수거동叟居洞에 묻혔고, 몽령의 둘째 아들 성진聲振은 개실의 장당골에 묻혔으며, 그 아우 성철 역시 개실의 대사동에 묻혔다. 수거동은 개실마을 동편으로 보이는 산인 좌랑봉 너머에 있는 골짜기이다. 점필재의 현손 성률은 또한 용담에 세거한 고령박씨 현감 율硉의 딸에게 장가들었고, 아들 수휘와 딸 셋을 낳았는데, 딸들은 각기 고창오씨 여영汝橫과 창녕성씨 이각以恪, 남평문씨 필양必陽에게 시집가서 자손이 번창하였다. 이로써 고령의 용담은 점필재의 자손들의 새로운 세거지가 되었다. 이 무렵에 점필재의 셋째 손자 박재 역시 몇몇 동지와 더불어 용담리의 송림松林 위에 학사學舍를 건립하고 권학문을 지은 바 있었다.

　야로에서 20리 남짓에 불과한 고령의 용담은 점필재에게도 낯선 곳이 아니다. 점필재의 나이 열두 살 때 그 부친 강호가 고령현감으로 부임하여 그로부터 점필재의 나이 열일곱 살이 될 때까지 5년 남짓 고령에서 고을살이를 하였다. 점필재는 그 부친이 고령현감으로 재직할 때 아버지로부터 형제들이 『주역』을 배우던 일을 『이준록』에 기록해 놓았다.

　고령에 계실 때이다. 일찍이 더운 여름날 청사에 앉았는데, 업

무가 간결하여 나와 중형은 『주역』을 배웠다. 선공께서는 책
상 위에서 손수 점대를 나누어 괘를 펼치시면서 가르치셨다.

이처럼 소년 점필재의 학문이 성취된 곳이 고령이었다. 점필
재는 부친이 별세한 직후 27세 때 고령을 지나면서 소년 시절 부
친으로부터 가르침을 받던 때를 추억하며 감회를 읊은 적이 있다.

엄친께서 반백의 연세 넘어	嚴父踰半白
대야성을 다스리실 적에	牽絲大耶城
나는 마침 총각머리 하고서	吾方䄂丱角
날마다 시례의 가르침 받았지.	日趨詩禮庭
여섯 해 동안 고을 주민은	六載桐鄕民
집마다 글 읽은 소리 이어졌지.	比屋絃誦聲
이제는 세월이 멀어졌으니	于今歲月遐
끼친 혜택을 누가 새겨두리?	遺愛誰當銘
내가 이 땅에 와서 지나가자니	我來歷玆土
맥없이 눈물이 훌쩍 떨어진다.	魂斷涕飄零
숲 사이 나타나는 관청 건물에는	林間露公廨
매 치는 소리 어렴풋이 들리는 듯.	彷佛聆敲搒
당시에 낚시질하며 노닐던 곳	當時所釣遊
완연히 발걸음 다시 지나는데,	宛然足重經

예전 알던 분들 이미 머리 희어져	故舊已垂白
몇이나 살았는지 놀라 불러 보노라.	驚呼幾死生
지는 해에 괴로이 배회하자니	落日苦徘徊
산과 물에는 남은 정이 있어라.	山水有餘情

점필재의 부친은 54세에 고령현감이 되었으니 이 시의 대야
성은 고령을 가리킨다. 점필재는 고령에서 소년 시절을 보내며
이곳에서 평생의 지기인 지지당止止堂 김맹성金孟性(1437~1487)을 만
났고, 그의 둘째 아들 곤緄을 지지당의 딸에게 장가들이기도 하
였다. 그러므로 점필재에게 고령은 소년 시절의 고향이었다. 점
필재가 고령을 고향으로 여겼다는 것은 나이 57세 되던 1487년
(성종 18) 해인사로 돌아가는 한 승려에게 준 시에 보인다.

만년엔 은거하려는 뜻이 있으니	晚有誅茅志
가야가 바로 나의 고향이라오.	伽倻是我鄉
유선이 일찍이 세상을 피하여	儒仙曾傲世
승려와 함께 서당을 열었지.	龜老共開堂
꿈속에도 안개 노을 아름답고	夢裏煙霞媚
시 읊는 곳에 세월은 긴데,	吟邊日月長
부끄럽게도 임금 은혜 못 갚아	主恩慚未報
그대와 함께 배회하고 싶어라.	思與子倘佯

가야는 고령 북쪽 성주에서 흘러오는 가천伽川과 고령 서쪽
합천 야로에서 용담으로 흘러오는 야천倻川을 합쳐 고령을 일컫
는 말이지만, 한편으로 지금의 개실을 옛날에 가야곡伽倻谷이라
일컬은 기록도 보인다. 유선은 신라 말엽에 가야산에 은거하였
던 최치원崔致遠을 일컫는 말이다. 고령을 내 고장이라 하면서 그
곳에 은거하려고 한다는 점필재의 뜻은 그냥 지나는 말로 한 것
은 아니었던 듯하다. 점필재는 그 뒤에 또 지지당의 죽음을 애도
하는 만장을 지었는데, 거기에도 고령에 은거할 뜻을 밝혔다.

돌아가고픈 넋은 학을 좇아 너훌거리니	歸魂應逐鶴蹁躚
지지당 앞의 달은 몇 번이나 바뀌었더냐?	止止堂前月幾弦
예전에 심은 솔과 계수 주인 없이 자라나	松桂舊栽無主長
맑은 작품 시와 부는 누가 있어 편집할까?	風騷淸製有誰編
친구들 죽어 가서 우리 도가 가련한데	友朋零落憐吾道
화복의 공평치 못함을 저 하늘에 묻노라.	禍福參差問彼天
뒷날 가야에 장차 집터를 찾아 지으면	他日伽倻將卜築
박주로 새 무덤에 들르는 걸 용납하겠지?	儻容絮酒過新阡

지지당의 죽음을 오도吾道의 영락零落에 견준 것은 당시 조정
에서 점필재가 평소에 품었던 포부를 펴기가 어려웠던 사정 때문
이리라. 이 시를 지을 무렵에 점필재는 김천의 조씨부인과 사별

하고 그 사이에 난 아들들도 모두 앞세워 보내고 나서, 고령의 용담에서 그리 멀지 않은 합천 야로에 세거한 남평문씨 가문에서 부인을 맞이하여 어린 아들 숭년을 혈사血嗣로 두고 있을 때였다. 이런저런 사정이 겹쳐서 고령의 가야천 주변에 집을 지어 은퇴하려는 생각을 가지고 있었던 것이다. 그 뒤의 사정이 약간의 우여곡절을 겪었지만 점필재의 후손이 고령의 용담 주변으로 들어와 문충공세가를 이루었고, 지금 개실마을 앞으로 지나는 국도를 가야로라 명명하였으니, 점필재의 만년의 뜻을 당신은 이루지 못하고 후손들이 이룬 셈이다.

3. 개실 복거와 가학의 전승

송촌에 살았던 점필재의 자손이 개실로 들어와 정착한 것은 임진란 때 의병에 참여하여 검모포만호와 훈련판사를 역임한 성률의 아들 남계南溪 김수휘金受徽(1599~1662)에 와서였다. 이 마을의 문장으로서 점필재 문충공파 16대손으로 고령향교 전교를 역임한 명암明庵 김기수金騏秀 노인은 그 11대조가 처음 개실에 복거한 내력을 다음과 같이 말해 주었다.

처음에는 용담 송촌에 들어왔지요. 그게 15대 조비 양천처씨의 인연이었지요. 요 위에 도둑골이 있어요. 안에 들어가면 여러 사람이 둘러앉을 수 있는 공간이 있어요. 수受자 휘徽자 그

어른이 꿈을 꾸었는데, 어떤 노인이 나타나 도둑골 굴 안에 도
둑들이 재물을 훔쳐 모아 놓았으니 가져가라고 했어요. 그래
그 어른이 찾아가 보니 과연 재물이 있는지라, 관에 고하고는
재물을 나누어 받았대요. 사당을 처음 지을 때 파옥이 되어 다
시 지었어요. 짓고 나니 무너져 다시 새로 지었지요.

이처럼 점필재의 5대손 김수휘가 개실에 들어와 살기 시작
한 것은 조선 후기 1651년(효종 2)인데, 처음 집을 지은 곳은 개실
의 동편 언덕 아래 묵은 터였다고 한다. 처음 들어와 살던 묵은
터에서 오래잖아 지금의 종택 위치로 옮겼다고 하는데, 그 시기
는 분명치 않다. 개화산을 주산으로 하고 접무봉을 안산으로 한
지금의 종택 터에 사당을 앉힐 적에 한 번 파옥되어 고쳐 지었다
고 전한다. 그만큼 종택의 입지를 선정함에 신중을 기하였다는
말이리라. 『일선김씨역대기년』에는 1787년에 문충공의 묘우廟宇
를 다시 지으면서 그해 12월에 이안移安하고 이듬해 사당을 완공
하여 4월에 환안還安하였다고 하는데, 이는 그 뒤의 일일 것이다.
밀양의 한골에서 합천의 야로로, 야로에서 고령의 용담으로,
용담에서 다시 개실로 주거지를 몇 차례 옮기는 과정이 있었지
만, 점필재의 자손들은 학문과 조행操行을 닦는 일을 놓지 않았
다. 점필재의 학풍을 합천 야로와 고령 용담에서 계승하여 펼친
이는 점필재 셋째 손자 박재朴紐였다. 그는 13세 때 부친과 맏형

의 상을 당하여 어린 나이에 상을 치르는 가운데 병을 얻어, 17세 때는 이미 다른 사람의 말을 알아들을 수 없었다. 그러나 집에 전해 오는 서적을 읽으며 각고 노력하고, 또 점필재 누이의 손자인 오우정五友亭 민구령閔九齡 형제를 통하여 학문을 닦아 성취하였다. 그는 31세 때 모부인의 명으로 밀양 본댁에서 야로의 집으로 옮겨와 살면서, 41세 때 곤양훈도를 거쳐 이듬해 진사에 합격하고 44세에 밀양교수와 48세에 사포서별제司圃署別提를 역임한 뒤 51세 되던 1587년에 고령교수가 되어 2년 동안 학도를 가르쳤고, 또 그에 앞서 고령 용담리의 송림 위에 학사를 짓고 권학문을 지은 바 있었다. 그는 뒤에 합천의 신천서원新川書院에 배향되었다.

개실에 입향한 남계 김수휘는 합천 야로에 살았던 역양嶧陽 문경호文景虎(1556~1619)에게서 수업하였다. 역양은 남계의 매부 문필양文必陽의 부친으로 남명南冥 조식曺植의 학맥에 접하였는데, 그는 또한 남계의 5대 조비 정경부인 남평문씨의 친정아버지 문극정文克貞의 5대손이었고, 어릴 때 마침 조모 남평문씨의 친정곳인 야로에 거주하며 학도들을 모아 강학하였던 박재 김뉴에게 수학한 바 있었다. 그러므로 역양이 죽자 남계는 그의 문도로서 만장을 지었다. 그 글이 『역양집』에 실려 있다.

산해정 정자 가에 푸른 봉우리 솟아서	山海亭邊聳翠峯
맑고 밝고 깊은 기운 역양에 통했습니다.	清明淑氣嶧陽通

물속의 가을 달인 양 묘한 생각 어리고	水中秋月凝神思
좌중의 봄바람인 양 언제나 화평한 용모.	座上春風動和容
사업은 평생토록 원대하길 기약했는데	事業平生期做遠
뵙던 곳 이제는 모두 비어 버렸습니다.	門屛今日摠成空
슬프다, 소자는 끝내 누구를 우러러 볼꼬?	哀哀小子終安仰
가르침 받을 길 없어 막다른 길에 흐느낍니다.	承誨無緣泣道窮

　남계가 개실에 집터를 잡았을 때는 그의 나이 쉰셋이었고, 슬하에 아들이 없이 딸만 셋이 있었다. 그래서 박재의 증손 효계 孝繼의 둘째 아들 이호(1636~1672)를 후사로 하였다. 이호는 부용당芙 蓉堂 성안의成安義(1561~1629)의 큰아들 이침以忱의 손녀인 창녕성씨 에게 장가들었는데, 부용당의 둘째 아들 이각以恪이 남계의 매부 였으니, 두 집안의 세의世誼를 이은 것이었다. 창녕성씨와의 사이 에 시락是洛, 시수是洙, 시사是泗, 시하是河, 시연是淵 등 다섯 아들과 딸 하나를 두었는데, 이들의 자손이 크게 번성하여 인재를 배출 함으로써 개실은 문충공 후손의 세거지로 자리 잡게 되었다.

　개실마을 입구의 김씨세거비에는 "문과 7인과 일천逸薦 및 초시初試 21인을 배출하였고, 임진란에는 4대손 휘 성률, 성진, 성 철 3형제가 왜적을 토벌하고 나라를 구하는 의병으로 활동하였 다"라고 하였다. 일곱 급제자 외에 여덟 진사와 두 생원이 있었 는데 이를 거론하지 않고 일천을 든 것은 효우孝友의 미덕을 중시하였기 때문일 것이다.

　남계의 사손嗣孫으로 오형제 중에 맏이인 졸와拙窩 시락是洛 (1658~1710)은 1691년(숙종 17)에 진사進士가 되었고, 그의 아들 세명世鳴(1681~1745)은 호를 상위당相違堂이라 하여 학문과 행실로 알려졌다. 상위당의 5대손 묵와默窩 준곤(1825~1853)은 1852년(철종 3) 문과에 장원으로 급제하여 이듬해 정월에 사간원정언과 사헌부지평이 되었으나, 그해 가을에 29세의 나이로 요절하고 말았다. 묵와의 아들 선은鮮隱 창현昌鉉(1847~1921)은 1888년(고종 25)에 생원이 되고 경기전참봉을 역임하였는데, 조선이 망하자 만주로 망명하여 그곳에서 죽어 고향으로 반장하였다. 또 졸와의 5대손 추모재追慕齋 호진虎振(1769~1814)은 1801년(순조 1)에 문과에 급제하여 사간원정언을 역임하였다. 졸와의 5대손 학헌鶴軒 발곤(1826~1877)은 1855년(철종 6)에 생원시에 합격하였고, 학헌의 아들 구현龜鉉(1867~1925)은 1885년(고종 22) 무과에 급제하여 웅천현감과 예천 · 성주 · 하양 · 고령 등지의 군수를 역임하였다.

　둘째인 오우당五友堂 시수是洙(1661~1729)의 후손 가운데는 가정佳亭 상직相稷(1779~1851)이 1819년(순조 19) 문과에 급제하여 병조참의를 역임하였고, 그 아우 탄옹灘翁 상락相洛(1791~1845)은 1813년(순조 13)에 젊은 나이로 생원과 진사시에 모두 합격하였다. 또 역우당亦憂堂 양묵養默(1824~1878)은 1865년(고종 2) 문과에 급제하여 사간원정언, 성균전전, 예조좌랑 등을 역임하였다.

셋째인 매암梅庵 시사是泗(1664~1705)는 효도와 우애가 돈독하여 성호星湖 이익李瀷(1681~1763)이 그 행장을 지었고, 약산藥山 오광운吳光運(1689~1745)이 그 묘갈명을 지어 칭송하였다. 그 아들 연한당燕閒堂 선명善鳴(1692~1769) 역시 효행이 높고 예학에 밝아서 『가례부의家禮附疑』를 저술하였다. 연한당의 아들 죽헌竹軒 문정文丁(1717~1773)도 효행이 지극하였는데, 그 조부와 부친과 자손까지 다섯 효자가 이어져 오효五孝의 칭송이 있었다. 죽헌의 증손 묵암默庵 사묵思默(1806~1872)은 1846년(헌종 12)에 진사가 되어 사헌부감찰과 연풍현감 등의 관직을 역임하였고, 묵암의 아우 용암慵庵 계묵啓默(1819~1884)은 1876년(고종 13)에 진사가 되었다. 또한 용암의 아들 창애蒼厓 증增(1840~1900)은 1864년(고종 1)에 진사가 되었다.

지금 개실 동네 안에는 종택 외에 네 곳의 재실이 있다. 동네 앞 한복판에 있는 도학연원의 강학처인 도연재道淵齋, 동네 동편에 있는 모졸재慕拙齋와 동내 가운데 골목 안에 있는 화산재華山齋, 동네 서편의 골목 끝에 있는 추우재追友齋가 그것이다. 모졸재는 졸와 시락을 추모하는 곳이고, 추우재는 오우당 시수를 추모하는 곳이며, 화산재는 매암 시사를 추모하는 곳이다. 이 마을에 사는 후손들은 대개 이 세 분의 후손이다. 현재 개실마을 전체 60여 호의 호구 중에 김씨 외의 다른 성씨는 두 집이 있을 뿐인데, 두 집 모두 이 마을로 장가들어 온 사람의 자손 집이라고 한다. 전국 각지에 산재한 대부분의 동족 마을들이 근래에 와서 대부분 와해되

개실마을 종택 앞의 민속놀이마당

고 있는 점에 비추어 본다면, 이 마을은 아직도 문충공 후손들의
집성촌을 그대로 유지하고 있으니, 종택을 중심으로 동족의 유대
가 공고함을 짐작할 수 있다.

　　동네 안에는 십여 년 이래로 민속마을 정비 사업을 진행하
여, 동네 곳곳에 관광객을 유치하기 위한 시설들을 만들어 놓았
다. 마을 입구에 벤처농장과 민속놀이마당이 있고, 마을 곳곳에
도자기 체험장, 뗏목놀이 체험장, 잡기 체험장, 동물농장, 수확

체험장, 전통찻집, 한과 작업장, 찜질방, 싸움소 사육장, 배꼽마당 등의 공간이 있어서 학생과 일반인의 체험학습장으로 활용되고 있다. 그 외에도 화산재 뒤에는 예전에 서른두 칸 집이 있었던 자리에 대형 한옥을 축조하여 관광객이 민박을 할 수 있도록 하였고, 동네 뒤의 산과 들에 화개산 등산로, 낙엽 산책로, 자전거 도로, 화개산 전망대, 십자봉 전망대, 도적굴, 잉어배미 전설의 못, 연꽃밭, 저수지 등의 경관을 가다듬어 역사 전통을 간직한 농촌마을의 생활과 자연을 음미할 수 있도록 배려하여 놓았다. 급격하게 변해가는 현대 사회의 부박한 조류 속에 조상 대대로 지켜 온 터전을 지키고 가꾸며 충효의 가법을 전승하려는 점필재 후손들의 고심의 흔적이다.

제2장 점필재 김종직

教旨

資憲大夫刊曹判書兼
知經筵春秋館事弘文
館提學同知成均館事
金宗直大匡輔國
祿大夫議政府領議政
兼領經筵弘文
館春秋館觀象監事
世子師...

諡文忠公者
原從功...年...月
...日

1. 조선 초기 사림의 스승

　점필재佔畢齋 김종직金宗直(1431~1492)은 성리 도덕의 학문으로
인격을 닦아 인륜의 기강을 바로잡고, 민본의 의리와 조선 고유
의 역사 풍토에 근거하여 예악문명禮樂文明의 이상 실현을 추구하
였던 조선 초기 사림의 종사였다.

　조선왕조는 왕권의 권위를 불교의 종교 이념으로 윤색하고
옹호하였던 고려왕조와는 달리 유학을 국가 통치의 기본 이념으
로 지지하였다. 이 시대 유학의 주류를 이루었던 성리학은 인간
의 심성에서부터 우주의 운행에 이르기까지 태극太極, 음양陰陽,
리기理氣, 성정性情의 이치로 사물의 현상과 원리를 해명하는 정
연한 논리 체계로서, 성리학자들은 이를 바탕으로 개인의 인격

수양과 인간관계의 의리는 물론 사회, 국가의 운영에까지 도덕적 합당성에 기초한 사회 이상을 구현하려 하였다.

김종직은 정몽주鄭夢周, 길재吉再 등이 수립한 학문 모범을 가학家學으로 계승하여, 일상생활의 범절과 처신에서부터 사회, 국가의 경륜에 이르기까지 유자儒者로서의 사상 이념을 실천하여 관철하려는 도덕 경세의 학문을 솔선하는 한편, 그 학문을 따라 배우면서 훌륭한 성취를 보인 수많은 후학을 양성하였다. 그로 말미암아 일어난 도학道學의 학풍은 마침내 조선시대 사대부 지식인의 주류 사상이 되었고, 그것은 오늘날까지도 한국사상과 문화의 심층에 깊숙하고 거대한 뿌리가 되어 있다.

그는 또한 전아하고 건실하면서 웅혼한 시문을 창작하여 조선 전기 제일의 시인으로 칭송되었다. 그의 시문에는 유학자로서 성리 도덕의 학문을 바탕으로 한 깊은 내면 성찰과, 민생이 유족하고 인륜의 기강이 바로잡힌 문명사회에 대한 염원, 향토의 풍속과 물산과 인정에 대한 세심한 관찰과 짙은 애정이 담겨 있어서, 조선조 사대부 지식인의 독특한 문학 전통을 형성하는 데 크게 기여하였다.

연산군 때 젊은 사류들로부터 부도덕한 처신으로 지탄받았던 일부 대신들이 김종직의 높은 명망을 시샘하고 폭군의 폭정에 영합하여 일으켰던 무오사화에 김종직의 많은 문도들이 참혹한 화를 당하고, 김종직 자신도 무덤 속의 화를 당하였다. 이 일은

왕조국가에서 도학사상에 입각한 인간다운 미덕의 실천과 사회 이상의 실현이 얼마나 험난한 일이었던가를 보여 준 것이다. 그러나 김종직과 그 문도들이 추구하였던 포부와 신념은 사림과 학자들에 의해 다방면으로 계승 발전되어 조선조 사대부 문화의 근간을 이루었다. 그런 점에서 김종직은 조선시대 도학 문명의 실질적인 선구자였다.

점필재 김종직은 조선 1431년(세종 13) 6월 8일 경자일에 경상도 밀양의 한골(大洞)에서 태어났다. 점필재의 윗대 조상은 대대로 선산善山에서 살았는데, 점필재의 아버지인 강호 김숙자가 세종 때 문과에 급제하여 비로소 사대부 가문으로서의 규모를 갖추었다. 강호는 밀양에 세거한 사재감정司宰監正 박홍신朴弘信의 딸과 혼인하면서 밀양으로 이사하여 살았으므로, 점필재는 어린 시절의 대부분을 밀양에서 지내면서 강호가 관직을 역임한 서울과 고령, 개령, 성주 등지로 옮겨 다니며 학업을 닦았다.

점필재는 그 자질이 본디 출중하였던 데다가 어릴 때부터 강호의 법도 있는 훈도를 받아, 약관의 나이에 이미 문장을 이루어 뛰어난 시문으로 명성을 떨쳤다. 그는 여섯 살 때부터 부친으로부터 글을 배우기 시작하여, 『소학小學』, 『효경孝經』을 거쳐 사서오경을 배우고, 그 다음에 『통감通鑑』을 비롯한 역사와 백가의 서적을 배웠다. 강호는 "활과 화살은 몸을 보호하는 물건이니 익히지 않아서는 안 된다. 더구나 옛날 사람은 이것으로 덕성을 살폈다"라고 하면서 활쏘기를 익히도록 하였고, "계산하는 법에 익숙하지 않으면 일상생활에 사용되는 사물을 궁구할 수 없으니, 위치 하나라도 비뚤어져서는 안 된다"라고 하면서 셈하는 법을 익히게 하였으며, 또 글씨 쓰는 법도까지 정밀하게 익히게 하였다고 한다.

점필재는 16세 때 과거에 응시하여 「백룡부白龍賦」를 지었는데 합격하지 못했다. 시관으로 참여하였던 대제학 김수온金守溫이 낙방한 시권을 나누어 주다가 점필재의 글을 읽어 보고는, "이는 뒷날 문형文衡을 잡을 솜씨인데 높은 재주를 가진 인재가 낙방한 것이 애석하다"라고 하면서, 그 시권을 가지고 들어가 세종에게 아뢰었다. 세종은 이를 보고 기특하게 여겨 영산훈도靈山訓導로 임명하였다고 한다. 점필재의 젊은 시절 시집인 『회당고悔堂稿』에는 그의 나이 20세에 밀양의 이웃 고을인 영산의 교도教導로 부임하여 한동안 그곳 향교에 거처하며 아침저녁으로 문묘에 배알하면서 학도들을 가르쳤던 일이 기록되어 있다.

점필재는 23세 때 진사에 합격하고, 26세 때 부친의 상을 당하여 3년 동안 묘소를 지키며 상을 치른 다음, 29세 때 문과에 급제하였다. 점필재는 벼슬에 처음 나가면서부터 뛰어난 학식과 탁월한 시문으로 선배·동료들로부터 촉망을 받았다. 그리하여 승문원박사로서 왕세자빈 한씨韓氏의 애책문哀册文과 인수왕후仁粹王后를 책봉하는 책문 등을 제진하였다. 당시 승문원의 선배였던 어세겸魚世謙은 점필재의 시를 보고 감탄하여 "나는 그의 말구 종이 되어도 달갑게 여기겠다"라고까지 하였고, 나중에 성종이 어세겸을 대제학에 임명하자 "나의 재주가 김종직만 못하다"라 고 하여 그 직책을 사양하기도 하였다.

점필재는 문과에 급제한 그해 승문원承文院에 소속되어 그해 여름 형 종석과 함께 연소한 문신을 선발하여 독서의 여가를 주 는 사가독서賜暇讀書의 특전을 받았고, 이후 승문원저작, 승문원 박사, 예문봉교를 거쳐 사헌부감찰이 되었는데, 1464년(세조 10) 8 월 문신들에게 잡학雜學을 배우게 한 조치를 비판한 일로 인하여 일시 파직되었다. 점필재의 손자 박재 杻가 정리한 『연보』에는 불사佛事를 간한 일 때문이라 하였는데, 혹 그런 일이 있었는지도 모른다. 그러나 이듬해 봄에 8개월 만에 다시 사헌부감찰로 복직 되고, 그해 겨울 경상도병마평사가 되었다. 3년 동안 외직에 근 무하다가 37세 때인 1468년(세조 14)에 서울로 돌아가, 세조의 신 임을 받아 충청도경차관으로 파견되고, 전교서교리, 응교, 수찬 등의 청요직을 거치면서 문학의 직무를 맡았다. 그 사이 세조와 예종이 잇달아 승하하고 성종이 즉위하자, 일흔이 넘은 노모를 위하여 지방관을 자청하여 나갔다. 동료와 후배들이 중앙정부의 관직에서 요직을 맡아 승진을 거듭하는 사이, 점필재는 중앙 관 서의 요직에 진출하는 계제인 중시重試에 응시하지도 않은 채 오 직 지방관의 직책에만 전념하여, 함양군수로 5년, 선산부사로 4

년간 잇달아 재임하면서 산업을 장려하고 풍속을 순화하는 데 힘
썼으며, 특히 사방에서 모여드는 학도들을 가르쳐 훌륭한 인재들
을 배출하였다. 이 시기에 매계梅溪 조위曹偉, 뇌계瀋溪 유호인兪好
仁, 일두一蠹 정여창鄭汝昌, 한훤당寒暄堂 김굉필金宏弼 등 한 시대의
문학과 후대의 도학을 영도한 이들이 문하에 모여들었으므로, 진
산군晉山君 강희맹姜希孟은 점필재에게 서찰을 보내어 그 인재의
융성함을 칭송하기도 하였다.

　　그러다가 모부인의 상을 당하여 3년 동안 시묘를 마친 다음
곧장 처가가 있었던 김천으로 거처를 옮겼는데, 조부인마저 별세
하여 상을 치르는 사이에 중앙정부의 재촉을 받아 서울로 불려갔
다. 52세의 점필재는 이에 다시 홍문관응교에 임명되어 동부승
지, 우부승지, 도승지를 거쳐 예문관제학 등의 직책을 맡아 국정
의 중추에 관여하면서 『동국여지승람』을 편수하는 일을 하였다.
그는 57세 때 전라도관찰사로 임명되어 나갔다가 1년 만에 다시
서울로 돌아가 병조참판, 한성부좌윤, 공조참판, 형조판서 등의
직책에 잇달아 임명되었다. 그러나 훈구 관료들의 강력한 견제
로 인하여 점필재의 운신은 여러 난관에 봉착하였다. 그래서 59
세 때 병으로 사직을 청하고 고향으로 돌아와 사방에서 모여드는
학자들을 가르치다가 밀양의 명발와에서 62세를 일기로 타계하
였다.

　　1492년(성종 23) 8월 김종직이 죽자, 조정에서는 공론에 따라

教旨

資憲大夫刑曹判書兼
知經筵春秋館事弘文
館提學同知成均館事
金宗直贈大匡輔國崇
禄大夫議政府領議政
兼領經筵弘文館藝文
館春秋館觀象監事贈
諡文忠公者

康熙四十八年二月　日

문충공 복시 교지, 처음 문충공으로 받았던 시호가 문간공으로 고쳐진 뒤 후손의 요청에 의하여 숙종 35년(1709)에 본디의
시호를 되돌려 받았다.

문충공文忠公의 시호를 내렸다. 봉상시의 시의諡議에 이르기를 "몸으로 도학道學을 책임지고 덕과 인에 의거하여 충신忠信과 독경篤敬으로 사람을 깨우치기에 지치지 아니하고, 사문斯文을 일으키는 것을 자신의 책무로 여겼으며, 왕도王道를 귀하게 여기고 패도覇道를 천하게 여기며, 널리 배우고 예로써 요약하되 맑으면서도 편협하지 아니하고 화합하면서도 세속에 흐르지 아니하여 문장과 도덕이 한 시대에 높았다"라고 하였다. 당시 봉상시의 봉사였던 이원李黿은 논하기를 "만약 재능이 많고 견문이 많다는 것으로 이름을 짓는다면 김종직이 정심正心을 근본으로 하여 몸소 사문斯文을 책임진 공이 후세에 인멸될 것이기에 도덕박문道德博文으로 시호를 정하였다"라고 하였다.

문충文忠으로 확정되었던 김종직의 시호는 일부 대신들의 이의로 인하여 그 이듬해 4월에 문간文簡으로 고쳐졌다가, 200여 년이 지난 숙종 때 당초의 시호인 문충으로 복원되었다. 이처럼 성종조 당대에 김종직을 추숭하는 사류들과 이를 못마땅하게 생각한 일부 대신들의 상반된 시각의 차이가 심각하였다. 이로 인하여 연산군 때 일부 권신들이 점필재의 문도인 탁영 김일손이 작성한 사초史抄와 그 사초에 수록된 점필재의 「조의제문弔義帝文」을 문제 삼아 무오사화를 일으켜, 점필재를 추숭하였다는 이유로 그의 문도들을 대거 숙청하는 일이 있었다.

그러나 중종반정 뒤에 그 억울함이 밝혀지고, 점필재의 훈도로 배태된 신진 사류의 학풍이 사림의 주류로 자리 잡아 사림의 종사로 추앙되었다. 그래서 퇴계 이황은 이르기를 "점필재는 사문으로 백세의 명성 있어, 문학을 거쳐 도학으로 올라가 큰 인재를 얻었다"(佔畢師門百世名 沿文派道得鴻生)라고 하였다. 점필재가 심오한 학문에 기반을 두고 건실하며 새로운 학풍을 일으킨 사실을 당나라 말엽의 한유韓愈에 견주어 칭송한 것이다.

점필재 김종직이 세조·성종조의 시기에 조선의 학풍을 일신한 사림의 종사로 추앙된 것은 혹자가 말하듯 후세 사람들이 임의로 만든 말이 아니다. 그의 생시와 죽음 직후에 벌써 그런 논의가 있었다. 성종조의 처사 추강 남효온南孝溫(1454~1492)은 시를 지어 일컫기를 "백년의 명승지 영남루요, 천년에 한 사람 점필재"(百年勝地嶺南樓 千載一人佔畢齋)라고 하였으며, 당대의 동료로서 김종직의 신도비명을 찬술한 허백당虛白堂 홍귀달洪貴達은 이르기를 "덕행과 문장과 정사는 공자의 문하에도 겸비한 자가 없었는데, 문간공은 그렇지 아니하여 행실은 사람들의 모범이 되었고, 학문은 사람들의 스승이 되었다"고 하였고, 매계 조위는 이르기를 "점필재 선생은 도덕과 문장이 한 시대의 스승이요 모범이었고, 학문연원은 사예공司藝公에서 나왔다"라고 하였다. 김종직의 시장諡狀을 기초한 봉상시 봉사奉事 이원은 이르기를 "김종직은 정심正心의 학문을 처음으로 제창하여 후진들을 가르침에 정심을 근본으로 삼도록 하였고, 자신이 사도斯道를 책임지고 사문을 일으키는 일을 감당하였으니, 그 공은 공명功名과 사업이 탁월한 자보다도 더 어진 점이 있다"라고 하였다.

그랬기 때문에 1567년 명나라 사신 허국許國, 위시량魏時亮 등이 조선에 와서 동국에서 심학心學을 하는 사람을 묻자 조정에서는 논의 끝에 최치원崔致遠, 설총薛聰, 최충崔沖, 안유安裕, 이색李穡, 길재吉再, 김종직金宗直, 김안국金安國 등 8인을 거론한 바 있었고, 선조 시대의 학자 권별權鼈이 지은 『해동잡록海東雜錄』에서는 "김종직은 몸가짐이 단정·성실하고 학문이 정밀·심오하며 문장이 고고하여 당대 유종儒宗이 되었다"라고 하였다. 이는 모두 점필재 당대와 그 사후의 정평을 전하는 말들이다.

2. 점필재의 도학과 문학

　　김종직이 사림의 종사로 추앙된 데에는 여러 가지 이유가 있다. 그중에서 무엇보다도 중요한 것은 유학의 이념에 입각한 예의범절의 실천과 교육을 솔선하였다는 점이다. 김종직은 고려 말 조선 초에 불사이군의 절의를 지킨 명망 높은 학자인 야은 길재의 영향과 아버지 강호 김숙자의 훈도를 받아 어려서부터 『소학』과 『가례』의 가르침을 바탕으로 하는 예절의 실천이 생활 습관이 되었다.

　　김종직의 아버지 김숙자는 어렸을 때 고향인 선산에 은거하고 있었던 야은 길재에게 배웠다. 길재는 포은圃隱 정몽주鄭夢周, 양촌陽村 권근權近 등으로부터 가르침을 받은 사람으로, 조선이 개국하자 벼슬을 버리고 고향인 선산의 금오산 아래에 은거하여 평생을 야인으로 살면서 향리의 자제들을 가르쳤다. 길재는 평소 향리의 자제들을 가르치면서 물 뿌리고 청소하며 응대하는 일상생활의 범절과 인간관계를 원만하게 가꾸어 나가는 도리를 깨우치는 『소학』을 먼저 가르쳐서, 반드시 익숙해진 다음에 다른 과목을 가르쳤다. 길재에게서 배운 김숙자 역시 자제들에게 부모를 섬기고 어른을 공경하며 스승을 높이고 벗과 친하게 지내는 일상생활의 범절을 먼저 가르쳐서 사람됨을 바르게 만든 다음에 다른 과목을 가르쳤다.

김종직은 이러한 학풍을 준수하여 스스로 학도를 가르침에 일상생활의 범절을 바로잡는 『소학』의 공부를 중시하였다. 『소학』은 송나라 때 주자가 학도들에게 일상생활에 있어서 원만한 인간관계와 올바른 처신의 법도를 가르치기 위하여 편찬한 책으로, 성리학의 실천윤리를 알기 쉽게 예시한 책이었다. 김종직이 『소학』을 중시하여 학도들에게 가르친 보람은 젊은 학도들에게 널리 파급되어 한 시대의 새로운 기풍을 이루었다. 강응정姜應貞, 남효온南孝溫, 신종호申從濩, 강백진康伯珍, 손효조孫孝祖, 박연朴演 등과 같은 사람들은 매달 모여 『소학』을 강론하고 실천하는 모임인 소학계小學契를 결성하였다. 한훤당 김굉필은 김종직으로부터 『소학』의 공부가 중요하다는 가르침을 받고서는 "글을 배우면서 천기를 몰랐으나, 『소학』 책 가운데서 지난날의 잘못을 깨달았다"라고 하면서, 평생 소학동자로 자처하며 스스로 이를 실천하는 데 힘썼다.

당시 조정에서는 『소학』을 비롯한 예교 권장 서적을 널리 보급하여 장려하였다. 그러나 아름다운 시문을 저술하고 경서를 익숙하게 암송하여 입신출세의 지름길을 노리는 것은 고금에 다름없는 시속의 병폐였다. 그런 풍토 가운데 일부 사람들은 『소학』의 가르침을 실천하여 도덕성 높은 인격을 함양하는 것을 중시하는 신진 사류들을 소학당小學黨이라고 빈축하며 배척하기도 하였다. 그럼에도 김종직의 영향 아래 젊은 학도들 사이에는 일상생활의 마음가짐과 언어·행동에서부터 도덕의 수양과 실천을 중시하는 기풍이 점차 확산되어 갔다.

조선왕조는 건국 초기부터 유가의 학문 이념을 존중하여 가족과 가정을 중심으로 관혼상제를 비롯한 대소의 범절에 일정한 법도를 세워 가정 내의 분란을 막고 일가 친족 간에 화목을 도모함으로써 사회의 기강을 유지하려고 하였다. 조정에서는 이런 법도를 간추린 『가례』의 실천을 사대부 사족에게 부단히 권장하였다. 그러나 조정의 권장에도 불구하고, 몇몇 사족 집안을 제외하고 왕실은 물론 권세 있는 집안에서 제대로 실행하지 않는 경우가 많았다. 김종직의 집안에서는 부친 강호의 세대에서부터 가묘家廟를 세우고 3년상을 시행하는 등 『가례』의 예절 규범을 실천하는 데 앞장서 당대 사대부 사족의 모범이 되었다.

김종직은 학문에 있어서 『소학』과 『가례』의 실천을 중시하였을 뿐 아니라, 스스로 인간관계의 도리를 돈독히 실행하는 데 충실하였다. 그는 어려서부터 효성이 지극하였는데, 그것은 가정의 생활 법도에서 배태된 것이었다. 김종직이 태어난 해에 부친인 강호는 한 달 사이에 잇달아 그 부모의 상을 당하여 3년 동안 시묘를 하면서 몸을 많이 손상하였다. 김종직은 어릴 적에 그 이야기를 듣고 「유천부顧天賦」를 지어 상심하였고, 26세 때 아버지가 돌아가시자 밀양의 분저곡에 장사를 지내고 3년 동안 시묘살이를 하면서 아침저녁으로 늘 모부인께 문안을 하였다. 또한 선공의 평생 사적과 언행과 훈계를 낱낱이 기록한 『이준록彝尊錄』을 편찬하여 자신은 물론 자손들의 생활 법도로 삼게 하였다.

　　특히 『이준록』에 수록된 「선공제의先公祭儀」는 조선조 사대부 집안의 제의 중 가장 오래된 것이다. 『이준록』을 간행할 적에 매계 조위는 찬양하여 이르기를 "우리 국가에서 습속을 오랫동안 바꾸려 했음에도 사대부 집안의 상례와 제례에 불교 의식을 섞어 사용하여 바로잡지 못하였는데, 유독 사예공이 분발하여 시속을 돌아보지 않고 한결같이 『주자가례』를 준수하여 향리에서 먼저 부르짖었고, 선생께서 또 책으로 써서 가정의 규범으로 드러내어 세속의 누추한 습속을 한꺼번에 씻어 내었으니, 김씨 집안에서 대대로 지킬 규범일 뿐 아니라, 당대 사대부들이 마땅히 본받아야 할 것"이라 하였으니, 이는 실로 조선 초기 사대부 제

先公共祭祀儀物有加而無減在道路必載主於竹轎而
自隨每歎曰吾不獨祭如不祭雖晩年不扶腰而承
事
一行或油菓或梄木之實凡四器次行脯醢羹麵麪
菜凡五器又次行餠炙肝魚肉凡五器最前行飯
蓋羹門醢羹泡九五器菜羹脯醢焦肉必備水陸之品
忌日及節日之眞行熟薦兩第一行如生時代以
生薑淹菜黃菜第三行魚肉不以生而宿舂切之今
調烹餅以薦之朔望之衆菜肉菜各一器若得珎味

先公共奉宗廟致其誠敬每朝夕拮育拜跪出告
反面告平生九國家大事及水火盜賊子姓親戚歲婚
聖生亡加官降級必以告祭祀以未文公禮爲本而
邊豆之數視版之文用伊川節目時食倣韓魏公盂
蘭齋則常恨韓公亦爲流俗所偏也雖逐錄還徙篤
事

辛鎮釜山浦宣公備衛鎮給浦相繼甲禮以還致九
軍中書奏至誕日賀表箋及朋友往來簡牘酬答
皆委之無不立就與賓軍謀多合事攜來人皆以
爲不及三公皆敬重焉爲上賓焉
先公祭儀第五

『이준록』, 「선공제의」. 조선왕조시대 최초의 사대부 제의 규범이다.

의의 원형을 보여 준 것이다.

　김종직은 나이 46세 때는 노모를 위하여 외직을 청하여 선산 부사가 되었는데, 성종은 그의 효성을 짐작하고 매양 지방관의 직책을 받아 나갈 때마다 모부인을 모시고 가는 것을 허락하였다. 김종직은 아침저녁 문안을 빠뜨리지 않고 이불을 펴고 걷는 일을 몸소 행하면서 처자식이 이를 대신하려고 하면 "어머니가 늙으셨는데 뒷날 다시 하고자 해도 할 수가 없다"고 하며 자신이 행하였다. 남효온의 『추강냉화秋江冷話』에는 "점필재 선생이 상주

노릇을 하는 3년 동안 조석상식에 곡을 할 때면 지나가는 사람이 듣고 눈물을 흘리지 않는 이가 없었다. 홍유손洪裕孫이 말하기를 '정성이 사람을 감동하게 한다더니 참으로 빈말이 아니로다' 하였다"는 말이 실려 있다.

김종직은 지방관을 맡으면서 가는 고을마다 향사례鄕射禮와 향음례鄕飮禮, 양로례養老禮 등의 의식을 정기적으로 시행하였다. 향사례는 활을 쏘아 과녁을 맞히는 경기를 통하여 덕성을 존중하고 사양하는 미덕을 깨우치는 의식이며, 향음례는 고을의 덕망 높은 사람을 초대하여 술을 권하고 마시면서 현자를 존대하는 미덕을 깨우치는 의식이다. 김종직은 이런 의식을 정기적으로 거행하여 어른을 공경하고 덕성을 존중하며 서로 사양하고 존중하는 예절의 모범을 보임으로써 지역 사회에서 인간관계의 미덕을 존중하는 기풍을 진작하고자 하였다.

점필재 김종직이 후학에게 끼친 학문 영향 중에 특히 주목할 것은 심학心學이다. 점필재에게 직접 훈도 받은 바 있는 한 문인은 중종 때 경연에서 이르기를 "내가 글을 배울 적에는 심학을 하는 이가 없었는데, 다만 김굉필, 정여창이 김종직에게 마음을 다스리는 학문을 배워 끝내 실천하는 일을 하였다"라고 하였다. 마음을 다스리는 공부(治心之學)는 곧 심학이고, 심학은 성리학의 본령이다. 심학은 심성의 이치를 탐구하여 도덕성 높은 인격을 함양함으로써 심신의 화평과 사회의 안녕을 실현하려는 성리학의 중요한 핵심이지만, 이 시대에 심학에 주목한 이는 그다지 많지 않았다. 김종직은 이를 학문의 바탕으로 표방하고 학도들을 훈도하였으므로, 그 문하에 정여창, 김굉필과 같은 도학자가 나타날 수 있었던 것이다.

김종직의 학문 기풍이 후학에 끼친 영향은 그가 죽은 지 20여 년 뒤인 중종 때 경연에 참찬관으로 참여하여 발언한 조광조의 말에 잘 나타나 있다.

김종직 또한 유자입니다. 그 당시 김굉필 등은 비록 당시에는 크게 등용되지는 못했지만, 근래에 그 기풍을 듣고 추모하는 자가 일어나 선행을 하고 있는데, 이는 이 사람의 공입니다. 선한 사람이 국가의 원기가 됨을 알 수가 있습니다. 종직의 아버지는 길재에게서 배웠고, 한 시대의 인사로서 제법 칭송할 만한 점이 있는 자는 모두 종직의 문하에서 수업하여 마음과 뜻을 합쳐 서로 상종하였습니다.

정암靜庵 조광조趙光祖(1482~1519)는 점필재가 함양군수로 부임하였을 때부터 점필재 문하에 출입하며 학문을 강론하였던 한훤당 김굉필의 제자이다. 정암은 1498년 무오사화에 김굉필이 희천으로 유배되자 그곳으로 찾아가서 학문을 청하였으며, 2년 뒤 부친상을 당하자 『주자가례』에 따라 상례를 행하였고, 한훤당으로부터 점필재의 학문 기풍을 전해 받은 사람이니, 그의 말은 근거가 분명한 것이다.

1517년(중종 12) 8월 8일 경연 검토관으로 참여한 기준奇遵 (1492~1520) 역시 다음과 같이 말하였다.

> 우리 동방에는 리학理學이 밝지 않아 인심이 흐릿하였는데, 고려 말에 정몽주가 태어나 리학의 조종이 되어 근원을 조금 열었고, 조선조에 들어와서 선비들의 습속이 비속하여 향방을 몰랐는데, 김굉필이 어려서 김종직에게서 수업하여 문호를 조금 알고는 스스로 송유宋儒가 남긴 단서를 터득하여 규모를 넓힘으로써 그 언행이 정주와 일체가 되어, 비록 성인의 경전을 발휘하지는 않았지만 집에 있으면서 수정하는 도리와 후학에게 끼친 공적이 지극하였습니다.

1545년(인종 1) 봄에 태학 유생이 상소를 올려 정암 조광조의 관작을 회복할 것을 청하였는데, 그 내용에도 "조광조는 젊어서부터 도를 구하려는 뜻이 있어서 김굉필에게서 학업을 전수받았고, 김굉필의 학문은 김종직에게서 배웠으며, 김종직의 학문은 그 아버지 사예 김숙자에게서 전해 왔고, 김숙자의 학문은 고려 신하였던 길재로부터 전해 왔으며, 길재의 학문은 정몽주의 문하에서 나온 것이니, 실상 우리 동방 리학의 조종이 됩니다. 그 학문의 연원과 행신의 바름과 시행한 방법이 모두 이와 같았습니다"라고 하였다. 이처럼 점필재는 참혹한 사화를 당하기 이전은 물론 그 이후에도 후배 관료나 후학들에게 리학과 심학으로 한 시대 학문의 기풍을 참신하게 진작한 인물로 추앙되었다.

성리학에 대한 사색과 토론이 심화된 후대의 학자들 중에 김종직의 학문과 처신에 대하여 의심하는 이가 더러 있었다. 그러나 이는 조선조 성리학의 학문 수준이 전반적으로 가일층 심화된 뒤의 일일 따름, 『소학』이나 『가례』의 실천이 빈축을 받던 시절 리학과 심학의 궁구와 실천을 솔선하였던 김종직의 학문이 시대를 계몽하는 선각이었음에는 이론의 여지가 없다. 점필재 사후 불과 두 세대의 학자들이 조광조나 김굉필의 학문연원을 논하면서 반드시 김종직을 거론하였던 것은, 그들이 추종하였던 학문 사상의 계통이 김종직에게서 연원한 것임을 의심 없이 받아들이고 있었다는 증거인 것이다.

사실이 그러했기 때문에 명종 때 이르러 서원이 건립되기 시작하면서 조선조 인물로 맨 먼저 거론된 사람이 김종직이었다. 1549년(명종 4) 당시 풍기군수로 있었던 퇴계 이황이 그에 앞서 주세붕周世鵬이 풍기에 건립한 백운동서원白雲洞書院의 사액을 요청하면서 경상감사 심통원沈通源에게 올린 글에, 우리나라에서 서원의 건립이 필요한 곳을 다음과 같이 열거하였다.

진실로 선정先正이 자취를 끼쳐 향기를 남긴 곳이면, 예컨대 최충, 우탁禹卓, 정몽주, 길재, 김종직, 김굉필이 살던 곳에 모두 서원을 세우되 혹은 조정의 명령으로 하거나 혹은 사사로이 건립하거나 수양하는 곳으로 삼아서 성조聖朝의 우문右文의 교화를 빛내시고 인재를 육성하는 성대함을 밝히십시오. 이렇게 하면 우리 동방 문교가 크게 밝아져서 공맹의 고장 추로鄒魯나 주자의 고장 민월閩越과 나란히 그 아름다움이 칭송될 것입니다.

순흥 백운동의 소수서원紹修書院은 우리나라 서원의 남상이다. 이 서원의 사액을 청하면서 서원을 세워야 할 곳으로 퇴계가 거론한 조선조 인물은 점필재와 그 제자 한훤당이었다. 이로 인하여 황해도 해주에 최충을 모시는 문헌서원文獻書院이 건립되고, 경상도 함양에 남계서원灆溪書院, 영천에 임고서원臨皋書院, 성주에 천곡서원川谷書院, 전라도 순천에 옥천서원玉川書院 등이 잇달아 건립되었으며, 밀양에서는 유림들의 청에 따라 1567년(명종 22) 점필재를 모시는 덕성서원德城書院이 건립되었다. 덕성서원은 임진왜란이 지난 뒤에 위치를 옮기면서 예림서원禮林書院으로 편액을 고쳐 지금까지 향사를 이어 오고 있다. 예림서원의 강당은 구영당求盈堂이다. 도학을 찾아 모인 제자가 가득하였다는 뜻이다. 이 당의 명칭은 퇴계 이황이 만년까지 다듬었던 화도음주시和陶飮酒詩

밀양시 후사포리에 있는 예림서원의 강당. 강당의 마루 안쪽에 구영당이라는 편액에 걸려 있다.

중 한 편에서 유래한다.

우리나라는 추로의 고장이라 일컬어	吾東號鄒魯
유자들이 육경의 글을 외우나니,	儒者誦六經
진정 알고 좋아한 이 어찌 없으리오만	豈無知好之
어떤 사람이 학문을 이루었던가?	何人是有成
곧고 곧은 오천의 정포은은	矯矯鄭烏川
죽음에도 도를 지켜 끝내 변치 않았고,	守死終不更
점필재 문장은 쇠퇴한 풍조 일으켜 세워	佔畢文起衰
도를 구하는 이 그 뜰에 가득하였네.	求道盈其庭
청출어람 훌륭한 제자가 있어서	有能青出藍
김한훤당 정일두 잇달아 울렸지.	金鄭相繼鳴
문하에서 섬길 수가 없었는지라	莫逮門下役
몸을 어루만지며 마음 아파하노라.	撫躬傷幽情

　추로는 공자와 맹자의 고장이다. 공맹의 학문을 진정으로 알
고 좋아하여 실천한 이를 거론하자면, 확고한 신념에 따라 도리
를 지키기 위해 죽음을 마다 않은 포은 정몽주를 거론하지 않을
수 없고, 그 이후의 쇠퇴한 학문 기풍을 흥기시켜 일으킨 공은 점
필재에게 있으며, 점필재로 인하여 한훤당과 일두와 같은 훌륭한
도학자가 일어날 수 있었다는 말이다. 이곳 외에 구미의 금오서

원金烏書院에서도 길재와 함께 김종직을 향사하고 있다. 다음은 퇴계가 지은 것으로 전해지는 예림서원의 상향축문常享祝文이다.

규벽의 정기를 품부 받아	稟精奎壁
우리 동국에 탄생하시어,	生此東土
학문의 연원이 깊은 데다	學問淵深
문장이 높고 고상했으니,	文章高古
당시에 사문의 영수였고	領袖當時
후세 학자의 태산북두라.	山斗後世
무궁한 길을 열어 주시어	啓佑無窮
도학이 쇠퇴치 않습니다.	吾道不替

점필재 김종직은 조선 전기 제일의 시인이다. 같은 시대를 살면서 조정 정책의 논의나 문학 논의에 간혹 의견의 대립을 보였던 허백당 성현成俔도 이르기를 "선생은 시로써 세상에 이름을 울렸고, 조정 신하들 중에 붙좇는 자가 한이 없다"라고 하였으며, 100여 년이 지난 뒤에 상촌象村 신흠申欽은 이르기를 "점필재의 시가 으뜸으로 칭송되는 것은 실로 과장이 아니라"라고 하였고, 홍만종洪萬宗은 이르기를 "성종 시대에 점필재가 독보였다"라고 하였다.

김종직은 안으로 성정을 다스려 도덕을 닦고, 밖으로 세상을 경륜하고 풍속을 교화하는 것을 문학의 본령으로 보았다. 그는 이르기를 "문장은 작은 재주이나, 성정을 다스리고 풍속을 교화하여 당대에 울리고 영원히 전하는 데는 실로 시문에 의지해야 한다"라고 하면서, "구두를 떼고 글자의 뜻을 풀이하는 것으로 어찌 풍속을 교화하고 세상을 경륜하는 문장을 논하며, 글자를 아로새기고 짜 맞추는 것으로 어찌 성리 도덕의 학문에 참여하겠는가"라고 하였다. 그래서 그는 신라 이래 우리나라 시인들이 지은 시 중에서 '풍교風敎를 알고 미자美刺를 나타내어 성정의 올바른 태도를 터득한 것'을 골라 뽑아 『청구풍아靑邱風雅』를 엮었다.

　김종직의 시문은 친지와 붕우 간의 정의, 향리의 인정과 풍광에 대한 깊은 애정, 국사와 풍토에 대한 치밀한 관찰, 민생의 실상과 사회 현실에 대한 세밀한 묘사, 학문과 수양에 대한 부단한 반성과 군주와 사대부의 높은 도덕성을 바탕으로 하는 이상 정치의 실현에 대한 염원 등을 주요한 주제로 삼았다.

　김종직은 문과에 급제한 직후부터 한직을 주어 독서에 전념하게 하는 특전을 받은 9인의 문신 중 한 사람으로 선발되어 관각문인으로 촉망을 받았다. 그리하여 성종의 명을 받아 「창경궁기昌慶宮記」를 짓고 「환취정기環翠亭記」를 지었으며, 송나라 리학자 소강절邵康節 시의 주석을 지어 올리기도 하였다. 제왕에게 올리는 관각의 문자에는 대개 당대 군주의 성덕을 칭송하는 화려한 수사가 넘치기 마련이나, 김종직은 이런 글에서도 반드시 군주의 참다운 덕성과 나라를 다스리는 바른 길을 거론하여 우국애민의 도리를 진언하였다. 세조가 온양 행궁에 다녀올 때 성균관 유생들을 대신하여 지은 가요에는 "부디 힘없는 백성을 보호할 생각을 하시어 추운 자 따뜻하게 하고 주린 자 배부르게 하시며, 밀린 일 일으키고 폐단을 보완하사 하루에 온갖 일을 돌보시라"고 당부하였고, 성종이 창경궁의 후원에 환취정環翠亭을 짓고 김종직에게 그 기문을 짓게 하자 그 글에 간곡한 진언을 넣어 두었다.

> 봄볕이 화창하여 초목이 무성하면 천지가 사물을 생성하는 인자함을 느끼시고 병들고 찌들어 의지할 데 없는 이들을 어떻게 하면 굶기지 않을까 생각하시며, 더운 바람이 불어 햇살이 뜨거운 찌는 더위에는 어떻게 하면 우리 백성의 답답한 마음을 풀어 주고 골짜기 가득 서늘한 그늘을 어떻게 하면 고루 베풀어 줄 것인가 생각하시며, 낙엽이 떨어지고 추수가 끝나면 우리 백성들에게 부과하는 세금이 지나치지 않아야 하리라 생각하시고, 옥가루 같은 눈이 떨어지고 차가운 날씨에 털옷을 껴입고서는 우리 백성의 부르튼 살결을 다시는 더 고생시켜서는 안 되리라 생각하시어, 계절마다 좋은 경치를 보시면 언제나 거기서 정치를 시행함에 인자한 덕성을 베푸는 교훈을 취하도록 하십시오.

김종직이 조선 전기 제일의 문인으로 칭송되는 것은 무엇보다도 자연의 이치와 사회 현실에 대한 치밀한 관찰과 철저한 사실성을 근간으로 하여 엄중한 법도와 전아하고 굳건한 기풍, 그리고 따뜻하고 간절한 호소력을 가졌기 때문이다. 퇴계 이황은 이르기를 "점필재의 시문은 전아하여 도에 가까웠다"라고 하였고, 계곡谿谷 장유張維는 이르기를 "점필재의 문사가 가장 우수한 것은 문사와 이치가 잘 구비되어 있기 때문이다", "그 시는 정심하고 온자溫藉하여 근대의 시조詩祖로 추앙된다"라고 하였다. 추강 남효온은 이르기를 "점필재 김 선생이 말하기를 시는 성정性情을 도야한다 하였는데, 나는 우리 스승의 말씀을 따른다"라고 하였다. 이처럼 점필재의 시문은 논리가 치밀한 데다가 글이 잘 다듬어져 있고, 학문 수양에서 우러나온 온화하고 차분한 성정이 깊이 함축되어 있다.

그러므로 조선 후기의 시인 담헌澹軒 이하곤李夏坤(1677~1724)은 태인의 피향정披香亭에 걸린 점필재의 시를 두고 이렇게 읊었다.

부용꽃 만 자루에 일만 개 고운	芙蕖萬柄萬孤雲
한 마디 분명 묘한 깨우침이라 하겠는데,	一語分明妙解云
천년 만에 점필 노인이 능히 이를 말했으니	千載畢翁能道此
우리나라에 그 누가 글이 없다 하리오!	吾東孰謂陋無文

김종직 문학의 탁월한 성과의 하나는 그 문학의 소재와 주제를 우리나라 역사 문화의 전통에서 다양하게 취하여 이를 훌륭한 문학 형상으로 다듬어 냄으로써 고유문화에 대한 자각을 일깨우고 선양하였다는 점이다. 그는 유학자의 합리성에 근거하여 민심을 현혹하는 근거 없는 미신을 타파하고 당대의 잘못된 풍조나 사회 현실을 신랄하게 비판하는 데 과감하면서도, 한편으로 우리나라 고유의 역사 문화의 전통에서 문명국의 가능성을 찾아내려는 데 부심하였다. 그는 또한 우리나라 각 지방의 풍물을 매우 자상하고 정감 있게 묘사하여 우리 국토의 풍정을 친밀하고 아름답게 인식시켜 줌으로써 문명국가로서의 정체성을 형성하는 데 크게 기여하였다.

3. 점필재의 저술과 종가의 유물

　　점필재는 평생 많은 저술을 남겼다. 그의 저술 가운데『청구풍아』와『동문수東文粹』는 점필재 당대까지의 우리나라 문인들이 저술한 시문을 선별하여 수록한 시문선집으로, 당대에 이미 간행하여 세상에 널리 유포되었다. 조선 팔도 각 고을의 역사 풍속과 물산, 인물을 정리한『동국여지승람東國輿地勝覽』은 세종 때부터 여러 사람의 손을 거쳐 편찬되었으나 마무리가 되지 못했는데, 이 역시 점필재의 손으로 마무리하여 간행하였다. 점필재는 이와 별도로『경상도지도지』와『선산지도지』를 지었다.

　　점필재는 또 그의 선공 강호의 가계 계보와 생애 이력, 제의祭儀, 사업 등을 기록한『이준록』을 저술하였는데, 이 책은 점필재의 별세 직후에 간행되어 세상에 전한다. 점필재는 또한 생시에 그 젊은 시절의 시를 모은 시집 『회당고』를 간행하였는데, 최근에 그 판본이 발견되어 세상에 알려졌다. 점필재는 후학들의 학문을 장려하기 위하여 다양한 서적을 간행하는 데 간여하였는데, 『주례周禮』, 『상설고문진보詳說古文眞寶』, 『장자권재구의莊子鬳齋口義』, 『찬주분류두시纂註分類杜詩』 등의 간행에 발문을 지었다. 점필재의 시문은 점필재 사후에 간행되었으나 무오사화 때 모두 불태워지고, 그 뒤에 남은 자료를 모아 간행한 『점필재문집』 2권과 『점필재시집』 23권으로 전해 온다. 점필재의 저술 가운데는 경학을 논한 『오경석의五經釋義』와 승정원의 출사 일기인 『당후일기堂後日記』가 있는데, 이 책은 간행되지 않았다.

  점필재종택에는 이 외에도 점필재의 생존기간에서 조선 말기에 이르기까지 종택과 관련된 고문서들이 상당수 남아 있다. 여기에는 교지敎旨 28점을 비롯하여 준호구 27점, 분재기 39점, 전답 매매 명문明文 9점, 입안立案과 완문完文 9점, 간찰 3점 등 다양한 문서가 포함되어 있다. 교지 중에는 점필재가 예문관수찬으로 임명된 1470년(성종 1) 6월의 교지를 비롯하여 공조참판으로 임명된 1488년(성종 19) 12월 12일의 교지 등 점필재 당대의 교지 24점과, 1689년(숙종 15) 영의정 추증 교지 및 조부인曹夫人 및 문부인文夫人을 정경부인으로 추증한 교지 3점, 1707년(숙종 33) 문충공 복시 교지 1점이 있는데, 모두 점필재의 신분 변화를 보여 주는 증거물이다. 남계 수휘의 계자系子 이彛의 예조입안과 역대 종손의 호구단자, 묵와 준의 문과 장원 시권 등도 보존되어 있다.

또한 점필재의 재취부인 문부인이 그 아버지로부터 받은 재산을 기록한 별급문기別給文記 2통과 문부인이 그 자녀들에게 재산을 나누어 준 허여문기許與文記 2통, 점필재의 손자 유維의 장인인 최필손崔弼孫이 자녀에게 재산을 분배한 허여문기 1통, 숭년의 처 일직손씨가 그 세 아들에게 재산을 나누어 준 허여문기 1통 등의 분재기分財記가 남아 있는데, 특히 점필재 자손들의 생활 근거지를 짐작하는 근거가 될 뿐만 아니라 조선 전기 사족들의 재산 상속의 규모를 파악하는 데 중요한 자료이다. 이들 문서는 1992년 영남대학교의 이수건 교수가 정리하여 『영남고문서집성 1』에 수록하여 간행한 바 있고, 『당후일기』는 고령박물관에서 보관하고 있다.

문서 가운데 가장 오래되고 진귀한 것은 모부인 밀양박씨와 처 하산조씨가 점필재에게 보낸 서찰 두 통이다. 이 서찰은 점필재가 경상도병마평사로서 지방에서 근무하다가 3년 만에 다시 불려 올라가 전교서교리典校署校理로 근무하였던 1468년(세조 14) 10월과 11월에 그 모부인과 처가 점필재에게 보낸 편지이다. 조선시대 여성들도 간혹 시문을 짓거나 서찰을 쓰기도 하였지만, 지금 남아 전하는 조선 전기 여성의 한문 서찰로는 이것이 아마 가장 오래된 것일 것이다. 먼저 모부인 밀양박씨의 서찰이다.

교리에게 부치는 문안 편지

이 사이 안부가 어떤지 몰라 분별하려는 차에 기관記官 중륜仲
倫이 가져온 서찰 내용을 보고 안부를 알고는 멀리 기뻐하노
라. 이곳은 염려 덕분에 지금 탈이 없거니와, 이달 11일 종이
신발 네 켤레와 보라색 철릭 바지와 명주 두 필을 도적맞았다.
이 때문에 바지 철릭을 미처 준비하지 못하였다. 달리 23일 신
관 사또를 맞이하러 가는 말구종 편에 보낼 터이니 추심하여
받으면 될 것이다. 만나 보기 전에 아무튼 편안하게 관직에 종
사하기를 축원한다. 무자년 10월 26일 어미 박.

천동씨千同氏 손봉산孫鳳山의 무명은 이미 되돌려 보냈다.

점필재는 이해 3월에 병마평사의 신분으로 관찰사 정문형과
동행하여 울산 병영에 들러 동융루董戎樓에 올라 시를 읊고, 서울
로 올라오라는 명을 받고 밀양에 들러 합천 야로에 살고 있었던
이모를 뵈러 가는 처와 함께 동행하다가, 3월 18일 고령의 용담
쌍산雙山에 이르러 처와 작별하였다. 별시위 곽맹손郭孟孫의 처인
이씨李氏는 점필재의 처 하산조씨의 이모였다. 모친을 일찍 여읜
하산조씨는 이모의 각별한 보살핌을 받았고 자식이 없이 홀로 살
고 있었던 이씨는 점필재의 장녀 수비守妃를 키워 주기도 하였으
므로 자연히 조씨의 합천 걸음이 잦았고, 그에 따라 점필재 역시
합천을 들르는 일이 많았다. 『합천군지』의 인물조에 '점필재가

현내면에 우거했다' 고 한 것도 이와 관계가 있을 것이다.

처와 작별한 점필재는 열 살 된 큰아들을 데리고 쌍림의 야천郁川을 따라 올라가 충주의 가흥참을 거쳐 서울에 도착하여, 5월부터 서울의 관직에 근무하고 있었다. 그해 9월 8일에 세조가 승하하였으니, 관복으로 사용될 보라색 철릭 바지는 아마도 그전에 미리 지어 올려 보내도록 이야기가 되어 있었을 것이다. 손봉산은 봉산군사鳳山郡事를 역임한 밀양의 선배 격재格齋 손조서孫肇瑞이다. 목면을 빌리고 돌려줄 정도로 친근하게 지냈던 것이다. 이 글이 밀양박씨의 친필인지 대필인지는 알 수 없다. 그러나 서울로 다시 불려 올라간 막내아들이 관직에 무사히 봉직하기를 바라는 모부인의 마음이 간결하게 나타나 있다.

다음은 점필재의 처 하산조씨가 그 남편에게 보낸 편지이다.

가옹家翁에게 올리는 문안 편지

금삼金三이 온 뒤에 편안하신지 몰라 밤낮으로 걱정이 됩니다. 저는 마침 앞서의 병이 아직 낫지 않고 오히려 뱃속에 물건이 있어 형체가 생겼는지 소리가 나고 배 또한 잔뜩 부어 고통으로 신음한 지 오래이나 여전히 줄어들지 않아서 죽기만 기다리고 있을 뿐입니다. 여기에 수군戍軍을 믿을 만한 사람이 있으면 내려보내 주시고, 만약 내가 죽는다면 한 번이나마 간절히 보고 싶으니 부디 내려보내 주십시오. 상목常木 무명은, 이곳에서는 실농하여 종들이 경작한 것이 전연 부실하니, 명년 봄을 지내기가 어렵습니다. 비록 많이 짜지는 않았으나 일일이 곡식으로 바꿀 요량입니다. 서울에서 필요한 물품은 봉록을 처분하여 사용하심이 좋겠습니다. 수군의 무명 홑옷 한 벌과 족건足巾 하나를 올려 보내오니, 살펴 받으시면 좋겠습니다. 상세한 내용은 진노미에게 일러두었습니다. 여하튼 편안하고 즐겁기를 바라오며 삼가 이렇게만 씁니다. 11월 17일. 추신. 야로의 숙모님께서 보낸 가는 무명은 옷을 지을 만한 사람이 없어 다음에 올려 보내니 살펴 받으십시오. 가인家人 조씨曹氏.

수군戰君은 점필재 부부 사이에 그 아들을 가리키는 말로 사용한 애칭이다. 이 글로써 잔병이 많았던 조씨가 병으로 신음하면서 아버지를 따라간 아들이 보고 싶어 내려보내 달라는 간절한 심정이나, 한 해 농사를 실농하여 내년 봄을 지내기 어렵기에 베를 짜서 양식을 보충해야 하는 어려운 살림 형편을 엿볼 수가 있다. 점필재는 이 편지를 받고 아들을 내려보내면서 이런 시를 지었다.

네가 돌아감은 병든 어머니 때문이나　　　汝歸緣病母
나는 새 임금 위하여 지체하노라.　　　吾滯爲新君

저무는 한 해를 누구와 서로 지킬꼬?	歲晚誰相守
날씨가 추운데 차마 헤어지지 못하네.	天寒不忍分
관문 여관에서는 잠이 적어야 하니라,	關亭宜少睡
도적이 걸핏하면 떼를 지어 다니나니.	盜賊動成群
다시 생각하면 더벅머리 어린 것이	更念方髫稚
길 다니는 고생을 마다하기 어렵겠구나.	難辭道路勤

세조가 승하하고 예종이 즉위한 직후인 1468년 10월 초6일, 예종은 전교서에 명하여 『제범帝範』을 인쇄하여 올리라고 하였다. 점필재는 새로 즉위한 왕이 왕도를 시행할 마음을 가지고 있음을 기뻐하여 시를 짓기도 하였다. 그런데 병든 아내가 보고 싶다는 자식을 보내면서 자식과 아내에 대한 걱정을 겹쳐 놓았다.

점필재종택 큰사랑에는 점필재의 이름이 적힌 서찰 한 통이 걸려 있다. 1489년(성종 20) 10월 20일 점필재가 박상사朴上舍에게 보낸 것으로 되어 있는 이 서찰은, 몇 년 전에 종손 김병식이 청도 각북에 살았던 점필재의 문도 진사 박형달朴亨達의 종가에 보존되어 왔던 원본 서찰을 복사하여 와서, 탈초 대본과 함께 액자로 만들어 걸어 놓은 것이라 한다. 이 서찰을 특별히 사랑에다 걸어 놓은 데는 짐작할 만한 곡절이 있다.

박상사朴上舍에게

천지天支가 그대 있는 곳에서 왔기에 손수 쓴 서찰을 받들어 보고, 요즘 근황이 좋은 줄 알고 기쁨을 말로 할 수 없네. 나는 곤궁한 오두막에서 병을 치료하느라 좋은 정황이 없으나, 근래에 백욱伯勖과 대유大猷와 더불어 서사書史를 강론하면서 서로 돕는 도움이 없지 않아 다행이라네. 한스러운 것은 단지 그대와 더불어 서로 대질하지 못함이라네. 박통례朴通禮가 나와 더불어 향사의재鄕社義財를 다시 닦으려고 하는데, 이는 실로 선배들의 성대한 일이라, 바라건대 그대가 가까운 시일에 와 주어서 이 일을 논의하여 확정하면 어떻겠는가? 대략 이만 그치네. 기유 10월 20일 종직.

이 서찰에 나오는 천지는 오졸재迂拙齋 박한주朴漢柱(1459~1504)이고, 백욱伯勖은 일두 정여창(1450~1504)이며, 대유大猷는 한훤당 김굉필(1454~1504)이다. 박통례는 점필재의 글 「밀양향사의재기密陽鄕社義財記」에 나온 밀양 사람으로 통례원通禮院 좌통찬左通贊을 역임한 해루당奚陋堂 박문손朴文孫(1440~1504)을 가리킨다.

기유년(1489) 10월이라면 점필재가 풍병風病으로 요양을 하고 있을 무렵이다. 이해 7월 17일 성종은 병조판서 점필재에게 병으로 치료하는 말미를 준다는 명을 내렸는데, 점필재는 이후 집에서 침과 뜸으로 치료하다가, 그해 11월 중순에는 관직에 복귀하였다. 이 시의 내용대로 이때 점필재가 밀양으로 내려와 요양하

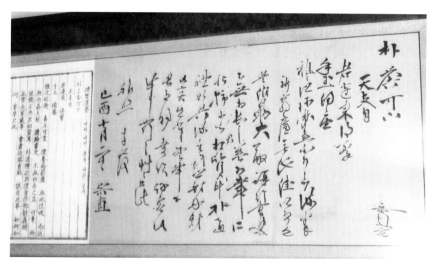

점필재 나이 59세 때인 성종 20년(1489)에 점필재가 문도인 박형달에게 보낸 서찰 사본
한훤당 김굉필, 일두 정여창, 오졸재 박한주 등과 학문을 강론하였다는 내용이 보인다.

는 사이에 일두와 한훤당, 오졸재 등을 차례로 만나 학문을 강론
하였다면, 점필재가 그에게서 『소학』을 전수받았던 제자 한훤당
과의 사이에 불편한 관계가 있었다는 「추강냉화秋江冷話」의 기록
을 문면 그대로 따를 수가 없게 된다.

　추강 남효온은 말하기를 "점필재 선생이 이조판서가 되어
건백하는 것이 없다고 한훤당이 시를 지어 간하였는데, 이로부터
점필재와 달리하였다(異於畢齋)"라고 하였다. 남효온의 기록에서
는 그 일을 한훤당이 부친상을 당한 정미년(1487) 이전의 일로 말
하였다. 그런데 이 서찰은 그보다 뒤에 작성된 것이고, 그 내용에

함께 서책을 강론하고 있다고 하였다. 이 서찰 내용대로라면 점필재와 한훤당 사제 사이에는 점필재의 만년까지 돈독한 학문 강론이 계속되었던 것이고, 남추강의 기록은 사제 간에 의견이 일시 상충되었던 일을 지나치게 과장하여 적은 것으로 판명된다.

초서로 날려 쓴 서찰에 '향사의재鄕社義財'의 '사社' 한 글자가 거의 '사射' 자에 가깝게 보이는 문제가 있기는 하나, 이는 일반 서찰에도 더러 글자를 잘못 적어 보내는 경우가 있기 때문에 논외로 하더라도, 종손이 종택의 사랑에 이 서찰을 복사하여 걸어 둔 데는 또 다른 배려가 있었을 것이다. 점필재가 박형달에게 서찰을 보낸 사실은 점필재의 손자 박재가 저술했다고 알려진 『연보』에도 기록되어 있고, 이 연보는 간옹艮翁 이헌경李獻慶(1719~1791)이 『점필재문집』을 중간할 적에 함께 간행한 적이 있다. 그럼에도 사랑에 굳이 이 서찰의 원본을 복사해 걸어 놓은 데는 무오사화 이후 까닭 없이 점필재에게 붙여진 의혹을 어떻게든 바로잡아야 하겠다는 종손의 사명감이 액자 뒤로 짙게 묻어난다.

점필재종택에 전해 오는 유물 가운데 유리병과 상아로 만든 홀笏도 조선 초기의 유물로 매우 진귀한 것이기는 하지만, 그보다는 더 눈길을 끄는 것은 점필재가 사용했다고 하는 두 개의 벼루이다. 벼루 둘 다 한 뼘 남짓의 아담한 크기에다 장방형으로 다듬었다. 하나는 연지硯池가 있는 쪽의 마구리에 전서篆書 '필옹옥우畢翁玉友' 넉 자를 새겨 놓았는데 질박한 형태가 전형적인 조선

점필재 생시에 사용한 필옹옥우 벼루. 종택에서는 성종의 하사품으로 전해 온다.

벼루이고, 다른 하나는 마묵磨墨 면을 타원형으로 둥글게 만들고
네 모서리에 대나무와 매화를 조각하였는데 조각 수법이 이 시대
일본에서 들여왔던 벼루의 형식을 많이 닮았다.

　　내가 이 벼루에 유달리 관심을 가지는 것은, 점필재가 평소
에 벼루를 매우 좋아하였거니와, 이 중 하나의 출처에 짐작되는
바가 있기 때문이다. 점필재는 나이 35세 봄에 병마평사로 복직
될 적에 서울에 잠시 올라갔다. 그해 3월 의주목사로 나갔던 허
형손許亨孫(1427~1477)이 의주에서 서울로 올라오면서 선천석宣川石
으로 만든 자색紫色 벼루를 가져왔다. 마침 그 집을 방문한 점필

재는 허형손이 그와 절친한 벗의 한 사람인 허백당 홍귀달(1438-1504)에게 그것을 주려고 한다는 것을 알고는 그 벼루를 뺏어 가져왔고, 그 대신 승문원박사로 있는 허백당에게 시를 지어 사례하였다.

선천의 자주 벼루는 동방의 진기한 물건	宣城紫硯東方奇
일렁이는 바람 머금어 녹석연보다 훨씬 낫네.	大勝綠石含風漪
문방에 하루도 없어서는 안 되나니	文房不可一日無
옥의 덕성 쇠의 소리 내가 스승 삼는 것.	玉德金聲我所師
허 군이 이를 얻어 열 겹으로 고이 싸와	許君得之十襲來
그대에게 주려 했으나 그대는 몰랐었지.	持欲贈君君不知
내가 어제 그 집 문을 두드려 방문했다가	我昨剝啄叩其門
이 익우를 흘깃 보곤 정신이 황홀하여	睨此益友神忽怡
문득 웃고 농담하다 품 안에 넣었으니	輒因笑謔入懷抱
허 군이 성나 욕을 해도 어찌 돌아보겠소?	許君詬怒胡恤之
집에 돌아와 조용히 필통 옆에 놓아두니	還家靜置筆格傍
자주 연못에 검은 구름이 드리운 듯	紫潭疑有玄雲垂
정녕 문을 닫고 저술하기에 알맞아	正當閉戶註蟲魚
깨진 벽돌 기와 조각 가지고 다니지 않겠네.	斷甎片瓦休相隨
평범한 연석 보내어 대신 사죄하노니	爲投燕石代肉袒
뒷날의 벌주야 어찌 감히 사양하리.	他日罰籌安敢辭

'옥덕玉德과 금성金聲은 나의 스승'이라는 말과 '이 익우益友를 흘낏 보고 정신이 황홀했다'는 말을 살펴보면 이는 필시 '옥우玉友'이다. 점필재는 이 벼루를 첫눈에 보고 반하여 옥 같은 덕성을 닦는데 좋은 벗이 되겠다고 생각하고는, 다른 사람에게 줄 이 물건을 억지로 가져간 뒤 그에게 시 한 수를 주어 달랬으니, 그 벼루에 어떤 표시를 하지 않을 수 있겠는가? 그러니 '필옹옥우'라 새긴 벼루는 필시 이 시의 벼루일 것이라는 생각을 해 본다. 그러나 종택에서 전해 오는 말로는 필옹옥우라 새겨진 벼루는 성종 임금이 점필재에게 하사한 것이라고 한다. 그렇다면 내 추측이 틀린 것일 수도 있다. 혹 그렇다 하더라도 옥우라 하여 벼루를 가까이 하기를 좋아하였던 점필재의 그 졸박한 취향에 대한 나의 흠모는 달라질 것이 없다. 점필재가 벼루를 좋아하였기 때문에 그 처남인 적암適庵 조신曺伸이 통역관으로 대마도에 다녀오면서 파도와 붓 모양을 새긴 일본의 자색연紫色硯을 갖다 준 적도 있고, 또 그 자신이 지금 진해시로 편입된 웅천의 제포薺浦에서 네 모서리에 밤나무를 교묘하게 새겨 놓은 일본 벼루를 서 돈 값을 쳐주고 사다가 함양의 제자 뇌계㵢溪 유호인俞好仁에게 선물한 적도 있었다. 벼루를 보고 옥처럼 온윤溫潤한 덕성을 가다듬고자 했던 점필재를 다시 만나는 듯하여, 그래서 필옹옥우가 반가운 것이다.

제3장 점필재종택의 상제례

1. 소목의 위차를 따른 사당

　　점필재종택의 제사의식은 매우 오랜 역사를 가지고 있다. 점필재는 그 선공의 상을 당하여 3년상을 마칠 무렵에 『이준록』을 저술하여 그 부친 강호가 정해 놓은 제사의식을 상세하게 기록해 놓았다. 그 축판의 내용에 "정통 원년 세차 병진 정월 초하루"라는 말이 있는데, 정통 원년 병진은 1436년(세종 18)이니, 이는 조선왕조 최초의 사대부 제의 기록이다. 조선왕조는 건국 초기부터 국가의 예제를 정비하고 있었으나, 『국조오례의』가 성종 5년(1475)에 완성되었고 회재 이언적의 『봉선잡의』가 1550년(명종 5)에 편찬된 것으로 보면, 이는 매우 진귀한 기록이다.

　　점필재의 부친 강호 김숙자는 1431년(세종 13) 6월과 8월에 잇달아 모부인 유씨兪氏와 아버지 진사공進士公의 상을 당하여 선산의 고향에서 3년상을 치르고 밀양으로 돌아와 산직散職에 머물다가, 1435년(세종 17) 9월에 서울로 소환되어 성균학록成均學錄과 학정學正을 거쳐 통사랑通仕郎, 성균박사成均博士로 정8품의 신분과 정7품의 직책을 받았다. 이때는 조정에서 사대부들에게 사당을 세우도록 권장하고 있었으므로, 사당을 세우고 신주를 만들어 사당에서 제사를 모실 수 있었다.

점필재는「선공제의」에 이르기를 "제사는 주문공朱文公의 예를 근본으로 하고, 제기의 수량과 축판祝版의 글은 이천伊川의 법식을 사용하였으며, 명절과 시식제時食祭는 한위공韓魏公의 법식을 따랐다"고 하면서, 제사의 기물과 제사의 순서 및 제찬의 물품과 진설까지 상세히 적어 놓았다. 그 내용에는『주자가례』와 차이가 있고 또『국조오례의』의 내용과도 다른 부분이 더러 있다.

조선조의 문화는 본디 예의禮儀의 문화이다. 조선조 문화의 핵심을 이루는 예의 문화의 근간은 제의祭儀에 있고, 조선조 사대부 제의의 가장 오랜 기록이 점필재의「선공제의」인 만큼, 평소 나는 기회가 있으면 점필재종택의 제의를 참관하려는 생각을 가지고 있었다.

2010년 9월 25일, 구력舊曆 8월 18일에 나는 점필재종택의 부조묘의 제사를 참관하기 위하여 개실을 방문하였다. 그 다음날이 구력으로 8월 19일이니, 1492년(성종 23) 점필재가 밀양의 명발와에서 별세한 지 619년이 되는 기일이기 때문이다. 오후 2시경 관련 연구원들과 함께 종택 대문을 들어서니, 사랑에 세 분이 있다가 나와서 맞이해 주었다. 종손 김병식이 병환으로 입원 중인지라, 차종손 진규震圭가 종손을 대신하고 문중의 장로인 기수麒秀 옹과 동네 개발위원장인 김병만金炳滿이 배석하였다. 인사를 닦고 나서 연구원들이 질문을 하자 고령향교 전교를 역임한 명암 노인이 말문을 열어 놓았다. 명암은 기수 옹의 아호이다.

종택 터가 화개산花開山 화개花開 길지吉地지요. 대문 앞에 보이는 봉우리가 접무봉인데, 너무 가깝지요? 그렇지만 나비가 꽃에 가까이 다가오면 올수록 좋으니까, 길지지요.

처음에는 용담 송촌에 들어왔지요. 그게 15대 조비 양천최씨陽川崔氏의 인연이었지요.

요 위에 도둑골이 있어요. 안에 들어가면 여러 사람이 둘러앉을 수 있는 공간이 있어요. 수愛자 휘徽자 그 어른이 꿈을 꾸었는데, 어떤 노인이 나타나 도둑골 굴 안에 도둑들이 재물을 훔쳐 모아 놓았으니 가져가라고 했어요. 그래 그 어른이 찾아가 보니 과연 재물이 있는지라 관에 고하고는 재물을 나누어 받았대요. 도둑골 굴에서 공부를 하여 출세한 사람이 많아요.

문충공파에는 4파가 있어요. 도연재 골목 안쪽에 본디 32칸 집이 있었는데, 근래에 다시 복원했지요. 그 외에 화산재, 추우재, 모졸재 등이 있어요. 모졸재는 장파長派이고 추우재는 중파仲派이고 화산재는 숙파叔派이지요. 도연재 계첩이 지금 남아 있어요.

이 마을에는 현재 60호 정도가 있어요. 개실에 43호가 있고 그

점필재종택이 사당이 문충공 신감神龕
판벽의 서편에 종손의 고조고비와 조고비, 동편에 증조고비와 고비 위의 신감이 모셔져 있다.

밖에 묵은 터와 서쪽 동네를 합하면 모두 60호 정도가 남아 있지요.

오효五孝와 관련하여 오효비를 세워 놓았지요. 오효와 관련된 전설로는 지릿재의 호랑이무덤과 잉어배미 전설이 있지요.

거창 남상 대산리에 강호종택이 있어요.

이렇게 한참 대담을 하다가 해가 기울 무렵에 대화를 잠시 중단하고 사당을 봉심하였다. 사당 중문 밖에서 중문을 열고 재배한 뒤에, 동편 문으로 따라 들이가니 사당 내부의 배치가 조금 특이하였다. 사당 내부는 가운데 판벽 두 개를 세워 공간을 셋으로 나누고, 그 가운데 칸의 뒤쪽 벽에 시렁을 만들어 문충공의 부조위不祧位를 봉안한 감실을 올려놓고 그 앞에 제탁과 향안을 놓았으며, 그 서편 한 칸에는 같은 방식으로 고조부와 조부 신주를 모신 감실 두 개를 두었고, 동편 한 칸에는 역시 같은 방식으로 증조부와 네위禰位의 신주를 모신 감실 두 개를 두었다.

4대 봉사를 하는 일반 사당에서는 대개 『주자가례』의 규정에 따라 서편에서부터 고조고비, 증조고비, 조고비의 차례로 자리를 차지하는데, 이 사당에서는 부조위의 신주를 가운데 두고 4대의 신주를 좌우로 나누어 모신 형식이 매우 독특하다. 게다가 부조위의 판벽 동서 두 칸에 나누어 있는 4대의 신주를 모신 감실의 배치도 여느 사당과는 다르다. 부조위 서쪽 칸에 있는 두 개의 감실은 동편에서부터 서편으로 고조고비위의 감실과 조고비위의 감실이 차례대로 있고, 부조위의 판벽 동편 칸에 있는 감실은 서편에서부터 동편으로 증조고비위의 감실과 고비위의 감실이 차례대로 놓여 있다. 나중에 들은 바로는 소목昭穆의 위차를 따른 것이라 하였다.

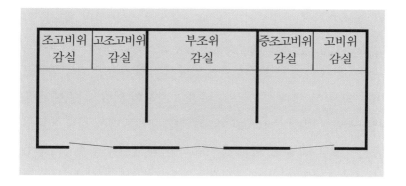

소목의 위차는 고대 종묘宗廟의 배치 원칙이다. 중앙 북쪽에 시조묘를 두고, 시조묘의 동편 앞쪽에 제1소의 묘를 세우고, 시조묘의 서편 앞쪽에 제1목의 묘를 세우며, 제1소의 묘 앞에 제2소의 묘를 세우고, 제1목의 묘 앞에 제2목의 묘를 세우되, 각기 담장을 둘러 별개의 궁宮으로 구별하고, 다시 큰 담장을 둘러 하나의 도궁都宮으로 구획하는 고대의 종묘제도에서 온 것이다. 이런 경우 사당에 새 신주가 들어가서 사당 안의 신주를 옮겨야 하는 경우, 각기 소昭나 목穆에 해당하는 한쪽의 신주만 움직이고 다른 쪽은 움직이지 않는다. 이 점은 고조고비의 신주에서 네위까지의 신주를 서편에서 동편으로 줄지어 놓고, 새 신주가 들어가면 앞서 있었던 고조고비 신주를 조천하면서 나머지 신주를 모두 체천遞遷해야 하는 『주자가례』의 신주 배치와 아주 다른 것이다. 점필재 집안의 사당은 조선 초기에 강호선생이 처음으로 정한 바 있어서 그 법도를 이어받아 왔을 것이니, 아마도 이는 고려 말 조선 초기에 사대부의 사당 제도를 처음 정할 적의 제도를 그대로 준용한 것이리라.

가운데 칸의 문충공의 감실 앞에서 감실 문을 열고 신수녹을 여니 독 안에 세 위의 신주가 나란히 모셔져 있다. 서편에 푸른 색 도韜(신주 몸체를 덮어 가리는 피륙으로 만든 덮개)를 덮은 신주 하나와 동편에 붉은 색 도를 덮은 신주 둘이 있다. 도자韜藉 즉 신주덮개와 받침의 색깔을, 주자朱子는 "고위에는 자紫색, 비위에는 비緋색을 쓴다"고 하였으니 검붉은 색과 진홍색으로 나누어 씀직한데, 이 집에서는 고위에 청색을 사용한다. 이 집뿐만 아니라 경북에는 고위의 도에 녹색을 사용하는 집도 있다. 음양으로 보면 홍색은 양이고 청색은 음이니 남녀에도 그렇게 적용할 법하나, 우리나라의 시속에서는 오래전부터 청색을 남자, 홍색을 여자에 배당하여 구분하는 관습이 있었으니, 혹 여기에 유래한 것일까? 그 유래는 미처 확인하지 못하였다.

　신주의 도를 여니 서편의 문충공 신주의 분면粉面에는 신위가 깨알 같은 글씨로 적혀 있다. 동편의 신주는 하산조씨夏山曹氏 조부인과 남평문씨南平文氏 문부인 두 정경부인의 신주였다. 김병만은 문충공 신주의 분면 글자가 모두 72자라고 강조하였다. 봉심을 마치고 사당 문을 나와서 종손과 기제사를 준비하기 위해 모인 일족들과 인사한 다음 밖으로 물러 밤중의 제사 시간을 기다렸다.

　저녁 10시쯤 되어 사랑에 다시 들어가니 동네와 경향 각지에서 집안사람들이 제법 많이 모여들었다. 당초에 두루마기 차림을 하고 온 사람도 있고, 양복을 입고 왔다가 한복으로 갈아입는 사람도 있고, 몇몇은 양복 차림 그대로 서로 수인사를 하고 둘러앉아 그간의 안부를 물었다.

2. 불천위 제사

　　밤이 깊어지자 큰사랑에는 대략 서른에서 마흔 사람 정도의
종원들이 모였다. 시간이 되자 큰사랑의 두 칸 대청에 「소학제사
小學題辭」를 쓴 10폭 병풍을 펴고, 제탁과 교의와 향안을 설치하고
돗자리를 깔아 제청을 마련하였다. 밤 12시가 넘자 제탁 위의 안
쪽에 촛불을 켜 두고, 동편에 있는 촛대의 촛불을 켠 채로 들어
이를 앞세우고 그 뒤를 이어 도포를 차려 입은 차종손과 축을 비
롯한 여러 집사들이 차례대로 줄을 지어 사당으로 올라갔다. 사
당에 도착하자 차종손이 사당의 중문 밖 동쪽 계단으로 올라가
동편 중문을 열고 사당 안으로 들어가 문충공 감실 앞에 분향하
고 꿇어앉았다. 축祝이 출주고사를 읽었다.

今以

顯先祖考 贈大匡輔國崇祿大夫 議政府領議政 兼領經筵弘
文館藝文館春秋館觀象監事 行資憲大夫 刑曹判書 兼知經
筵春秋館事 弘文館提學 同知成均館事 諡文忠公府君神主
　遠諱之辰 敢請神主 出就廳事 恭伸追慕

이제 현선조고 증대광보국숭록대부 의정부 영의정 겸 영경
연 홍문관 예문관 춘추관 관상감사 행자헌대부 형조판서
겸 지경연춘추관사 홍문관제학 동지성균관사 시문충공부
군께서 멀리 떠나신 기일이라, 감히 청하옵건대 신주神主께
서는 청사로 나가시어 추모의 의식을 펴고자 하나이다.

　　그런 다음 차종손이 감실 문을 열고 그 안에 있는 신주독을
받들어서, 신주독의 전면을 앞으로 하여 두 손으로 안고, 촛불로
인도하는 사람을 따라 나와 중사랑 앞을 지나 큰사랑 대청으로
올라와 교의 위에 안치하였다. 안치한 신주독은 그대로 개독하
여 신주덮개를 열었다.

　　다음으로 진설을 시작하였다. 안채에서 미리 제기에 차려
소반에 나누어 얹어 놓은 제물을 젊은 집사들이 차례로 들여와
제청 앞에 들여놓았다. 도포와 두루마기를 입은 집사 두 사람이
이를 제상에 올렸다. 대개 바깥 줄의 과일부터 먼저 진설하여, 어
육魚肉의 진설을 마친 다음 반갱飯羹을 내어 와서 역시 함께 진설

하였다.

　진설과 진찬이 끝난 다음 강신降神의 예를 행하였다. 주인을 대신한 차종손이 제탁의 향안 앞에 나가 꿇어앉아 먼저 향합에서 향을 꺼내어 분향焚香하였다. 분향이 끝나면 좌집사가 고위考位 앞에 놓인 잔과 잔대를 내려 주인에게 준다. 주인이 잔을 받들고 있으면 우집사가 그 잔에 술을 따른다. 그런 다음 주인이 왼손으로 잔대를 잡고 오른손으로 잔을 잡아 모사기에 세 번으로 나누어 붓고 부복하였다가 일어나서 두 번 절한다. 종손이 절을 시작하면 참사자 전원이 곧장 뒤따라 재배하여 참신參神의 예를 잇달아 거행한다. 자세히 살펴보면 이 집에서는 강신 절차에 분향을 한 뒤에 재배하지 않고, 술을 모사에 따르는 뇌수酹酒 절차 뒤에 참신을 겸하여 재배를 행한다.

　참신을 마치고 나면 초헌례初獻禮를 행한다. 주인이 향안 앞으로 나가 꿇어앉으면 좌집사가 고위 앞의 잔과 잔대를 내려 주인에게 건네주고, 우집사가 술을 따르면 주인은 잔과 잔대를 향로 위에서 한 바퀴 둘러 좌집사에게 준다. 좌집사는 잔과 잔대를 고위 앞에 올리고, 국그릇 위에 수저를 나란히 걸쳐 놓고, 가적加炙으로 올리는 육적肉炙은 중앙의 도적都炙 틀 위에 올려 두었다. 세 신위에 동일하게 행한 다음 독축讀祝의 예를 행하였다. 초헌의 잔을 올리고 나서 주인은 그대로 꿇어앉아 있고, 주인의 왼쪽에 축관이 꿇어앉아 축문을 읽었다. 축문은 다음과 같았다.

維歲次辛卯八月朔辛酉十九日己卯 十七代孫炳埴 在外未參
使子震圭 敢昭告于
顯先祖考 贈大匡輔國崇祿大夫 議政府領議政 兼領經筵弘
　文館藝文館春秋館觀象監事 行資憲大夫刑曹判書 兼知經
　筵春秋館事 弘文館提學 同知成均館事 諡文忠公府君神
　主 伏以氣序流易 諱日復臨 追遠感時 不勝永慕 謹以菲儀
　式陳明薦 以
顯先祖妣 貞敬夫人 夏山曺氏 神主
顯先祖妣 貞敬夫人 南平文氏 神主配 尙
饗

유세차 신묘 8월 초하루 신유 19일 기묘에 17대손 병식은
밖에 있어 참여하지 못하고 아들 진규를 시켜 감히 현선조
고 증대광보국승록대부 의정부 영의정 겸 영경연 홍문관
예문관 춘추관 관상감사 행자헌대부 형조판서 겸 지경연춘
추관사 홍문관제학 동지성균관사 시문충공부군 신주에 밝
게 고하나이다. 엎드려 생각하옵건대 세월의 차례가 바뀌
어서 기일이 다시 돌아옴에 멀어진 옛날을 추억하고 계절
의 변화에 느낌이 일어나 영원히 추모하는 마음 견디지 못
하와, 삼가 간소한 의식으로 제수를 진설하여, 현선조비 정
경부인 하산조씨 신주와 현선조비 정경부인 남평문씨 신주
를 배향하오니, 흠향하시옵소서.

축문을 읽은 뒤에 주인은 부복하였다가 일어나 두 번 절을 하여 초헌례를 마치고, 제자리로 돌아갔다.

다음으로 아헌亞獻의 예를 행하였다. 아헌례는 『주자가례』에 본디 주부가 행하는 것으로 되어 있지만, 이번에는 참사자 가운데서 연장자가 행하였다. 아헌할 사람이 자리에 나가 향안 앞에 꿇어앉으면, 좌집사가 신위 앞의 잔과 잔대를 내려 아헌관에게 주면, 아헌관이 받아 잔을 잡아 퇴주기에 붓고 잔대 위에 올려 다시 잡는다. 우집사가 술을 따르면, 헌관은 잔과 잔대를 받들어 향로 위에 한 바퀴 돌려서 좌집사에게 준다. 좌집사는 잔반을 고위 앞에 올리고, 이어서 비위妣位 앞의 잔을 내려 헌관에게 준다. 이역시 앞서 요령과 같이 두 분의 비위 앞에 잔을 올린다. 그리고 집사자가 가적으로 계적鷄炙을 올렸는데, 서편의 끝의 시접 앞에 놓았다. 그런 다음 아헌관이 부복하였다가 일어나 재배한다.

종헌終獻 역시 친지 가운데 연장자가 행하였다. 술잔을 내려 비우고 다시 술을 따라 올리는 절차는 아헌과 같으나, 잔을 모두 채우지 않고 2/3 정도만 채운다. 종헌에는 가적으로 어적魚炙을 올렸는데, 동편의 편틀 앞에 놓았다. 그런 다음 헌관이 부복하였다가 일어나 재배한다.

다음으로 유식례侑食禮를 행하였다. 주인이 향안 앞에 나가 꿇어앉으면 우집사가 신위의 메 뚜껑을 벗기고 그 뚜껑을 주인에게 준다. 주인이 뚜껑을 잡고 있으면 우집사가 뚜껑에다 술을 따

문충공 기제사의 유식 절차. 병풍의 끝을 앞으로 여미고 참사자들이 부복하여 기다린다.

른다. 주인은 술을 담은 뚜껑을 향로 위에 한 바퀴 돌려서 좌집사
에게 건넨다. 좌집사는 그 술을 고위부터 차례로 나누어 부어서
첨잔을 행하였다. 그런 다음 시접의 숟가락을 가져다 메 그릇에
숟가락 손잡이가 서쪽을 향하도록 꽂고, 젓가락 역시 손잡이가
서쪽을 향하도록 하여 육적 위에 올려놓았다. 그런 다음 주인은
두 번 절하고 물러났다.

　이어서 합문闔門 부복의 절차를 행하는데, 제청이 큰사랑의
대청인 관계로 문을 닫는 절차는 제상 뒤에 친 병풍의 좌우 양쪽
끝을 접어 앞쪽으로 가리는 형식으로 대신하였다. 그런 다음 참

사자 전원이 부복하여 기다렸다. 한참 부복한 다음 주인이 세 번 기침을 하면 모두 일어나고, 좌우의 병풍 끝을 다시 원래대로 펼쳐 개문의 예를 대신한다.

합문 부복과 개문의 절차를 마친 다음, 진다進茶의 절차가 있었다. 진다의 절차는 우리나라에서는 대개 숭늉으로 대신하는데, 점필재종택에서도 마찬가지로 물에 밥알을 띄운 숭늉으로 대신하였다. 집사가 숭늉을 내오면 집사가 국그릇을 내리고 그 자리에 숭늉을 올린다. 그런 다음 숭늉에다 메를 조금씩 떠서 말고, 숟가락 자루가 서쪽으로 가도록 숭늉 그릇에 걸쳐 놓고 반개를 덮는다. 그런 다음 참사자 전원이 선 채로 몸을 조금 숙여 대기한다. 주인이 기침을 세 번 하면 참사자들이 몸을 바로한다. 그런 다음 신위 앞에 올려 둔 잔을 차례로 내려 퇴주 그릇에 부어 비운 다음 제주가 재배하고 물러나면 참사자 전원이 재배하여 사신辭神의 예를 행하였다.

그런 다음 제주가 축문을 사르는 분축焚祝의 절차를 행하고, 이어서 제상에 있는 제찬을 모두 물려 철상하였다. 제상의 제수를 모두 물린 다음 신주의 덮개를 덮고 독개를 덮어 봉안하면, 주인이 신주독을 두 손으로 앞에 모시고 사당으로 올라간다. 사당으로 신주를 들이는 과정은 신주를 내올 때와 마찬가지로 촛불을 든 사람이 앞에서 인도하고, 다음으로 제주가 신주를 안고, 제관들이 그 뒤를 따라 사당까지 올라갔다. 신주는 사당의 가운데 문

으로 들어가서, 가운데 감실의 문을 열어 본디 자리에 모셔 놓고
사당의 서쪽 문을 통하여 나왔다.

제사를 마친 다음 한참 기다리자 나물을 얹은 제삿밥이 나왔
다. 제삿밥을 탕국에 비벼서 한 그릇 먹으며 환담을 하였다. 새벽
2시 30분경에 물러나오자 제사에 참여한 다른 사람들도 따라서
일어섰다. 이 마을에 사는 사람 네 사람을 제외하고 모두 먼 곳으
로 돌아가야 하기 때문이었다.

3. 변한 것과 변치 않은 것

      돌아와 살펴보니 점필재종택에서 지금 행하는 기제사의 규모와 절차는 옛날 『이준록』에 기록된 내용과 상당한 차이가 있다. 먼저 출주出主 절차에 있어서 『이준록』의 「선공제의」에는 축祝이 신주를 자리에 내어 오면 주인이 조계阼階, 동쪽 계단으로 올라가 신주를 살핀 다음 재배한다고 하였다. 이는 참신의 재배이다. 「선공제의」에는 또한 진찬進饌을 마친 다음 분향 뇌주하여 강신하고 다시 재배한다 하였으니, 강신의 재배가 별도로 있었다. 그러나 지금은 출주할 때 종손이 신주를 안고 나오며, 신주를 모신 다음에 별도의 재배가 없이 분향 뇌주하여 강신한 다음에 주인과 함께 참사자 전원이 참신의 예를 행한다. 또 「선공제의」에는 초헌을 올릴 적에 주인이 술잔을 채운 다음 조금 제하고 잔을 올리는 제주祭酒의 절차가 있으나, 지금은 제주의 절차가 없다. 또한 첨잔을 할 적에 「선공제의」에는 주전자를 가지고 각 신위에 따른다고 하였으나, 지금은 밥뚜껑에 술을 따라 각 잔에 나누어 붓는 것이 다르다. 또 유식의 절차에 대해 「선공제의」에는 숟가락을 메 위에 꽂고 젓가락을 갱羹에 걸쳐 놓는다고 하였는데, 지금은 젓가락을 육적 위에 올려놓는다.

또 점필재의 「선공제의」에는 주부가 아헌을 행하는 것으로 되어 있으나, 이번 제사에는 주부가 아헌을 하지 않았다. 「선공제의」에 이르기를 "모든 제사에 아헌은 우리 모부인께서 하시고, 종헌은 자제나 생질 가운데 반수班首가 되는 위치에 있는 사람이 하였다. 우리 모부인께서는 선공의 뜻을 잘 체득하여 반드시 성실하고 미덥게 하며 조금이라도 게을리하는 일이 없었다. 제기에 제물을 담는 일이나 요리하는 일이나 술을 담아 덮어 놓는 등의 일을 반드시 손수 집행하였고, 처음에는 제사에 참여하더라도 나중에 제찬을 담당하는 비복들이 삼가지 못하여 불결하게 되는 일이 있을까 염려하여, 제사가 끝날 때까지 가운데서 진찬을 감독하였다"라고 하였다. 예전의 조사 기록을 살펴보니, 종부가 처음 시집을 오면 아헌을 하는 경우도 있었다고 하는 기록이 보인다. 중간에 바뀐 것일까? 이런 여러 가지 요소는 어떤 이유로 이렇게 달라졌는지 알 수 없다. 이에 대하여 나중에 차종손 진규는 이런 말을 하였다.

> 주부가 아헌을 하는 것은 당연하지요. 그러나 우리 집의 경우,
> 종부가 제물을 전부 준비하는데, 대청에 나와 아헌을 하기에
> 는 너무 어려움이 많아 하지 않고 있습니다. 저희는 가까운 친
> 척으로 제물 및 진설 준비를 도와줄 사람이 없었습니다. 우리
> 대에서는 세 형제가 결혼하여 세 동서가 일하지만, 그 전에는
> 할머니와 어머니만 마지막 준비를 하였습니다. 서울에서 모시
> 는 기제사에는 주부가 아헌을 하고 있습니다.

그럴 것이다. 지금의 종부 서흥김씨 김태문이 여든의 나이
로 병석에 있고, 지금의 제사도 종손을 대신하여 차종손이 임시
로 행한 것이다. 게다가 종부는 그 시어머니가 별세한 이후 20년
동안 거의 혼자 종사를 내조하였는데, 그녀의 시어머니 때부터도
당내의 가까운 친족으로 일을 거들 만한 사람이 거의 없었다. 동
네 안에 있는 부인들이 와서 거든다고 하지만, 제찬을 마련하고
감독하는 일에도 여념이 없었을 것이다.

한편으로 이번에 참관한 제사 절차에 다른 집안과는 구별되
는 『이준록』 「선공제의」의 특수한 절차가 그대로 남아 전하는 부
분도 없지 않다. 먼저 출주하기 전에 진찬을 끝낸다는 점이다.
『주자가례』에는 먼저 제찬을 차린 다음 출주하고, 참신과 강신을

한 다음에 메와 갱을 다시 내오는 절차가 있는데, 점필재종택에서는 출주한 다음에 비로소 진찬을 시작한다. 이는 「선공제의」에 출주한 다음에 집사가 진찬한다는 구절을 그대로 준수한 것이다. 축판에 사용하는 축문의 내용은 더욱이 『주자가례』나 일반 시속의 사례와 다른 점이 많다. 점필재종택의 축문에는 첫머리 월삭 간지를 '모월삭모갑'이라 쓴다. 『주자가례』를 비롯한 다른 집에서 대개 '모월모삭'이라 쓰는 것과 다르다. 또 제사를 받는 신위의 호칭을 '모모부군 신주'라고 하여 대상 칭호에다 '신주神主'라는 말을 붙인다. 『주자가례』를 비롯한 다른 집안에서는 '신주'라는 말을 사용하지 않는다. 또한 기제 제문의 본문 맨 앞의 구절에 "엎드려 생각하옵건대 계절의 차례가 바뀌어서"(伏以氣序流易)라는 말을 사용한다. 『주자가례』를 비롯한 대개의 집안에서 '복이伏以'라는 두 글자를 사용하지 않고, 또 "해가 바뀌어서"(歲序遷易)라 하는 것과 확연히 구별된다. 또한 기제 축문의 마지막 구절, "삼가 간소한 의식으로 제수를 진설하여"(謹以菲儀 式陳明薦)라고 한 구절도 『주자가례』를 비롯하여 다른 집에서 대개 "삼가 맑은 술과 여러 가지 음식으로 공손히 제사를 올리오니"(謹以淸酌 庶羞 恭伸奠獻)라고 하는 것과 다르다. 이런 내용은 모두 점필재의 「선공제의」에 있는 격식을 그대로 따른 것이다.

제찬의 진설은 바깥 줄에 과일을 진설하였는데, 서쪽에서부터 대추, 밤, 감, 배 등 즉 조율시이棗栗柿梨의 네 가지 기본 실과

문충공 기제사의 제물 차림. 유식과 진다 이후 철상 전의 상태이다.

외에 사과·밀감·포도·참외·수박·바나나 등의 실과를 추가
하였다. 둘째 줄에는 대구포와 오징어포, 명태포와 백문어와 육
포를 차례로 쌓아 올린 포 고임을 중심으로, 서편에 두부와 삶은
계란을 올렸고, 동편에 도라지와 고사리, 콩나물 등 세 가지 나물
을 올렸다. 셋째 줄에는 가운데에 돼지고기를 통째로 삶은 제육
위에 쇠고기적을 올린 육적 틀과, 각종 전을 차례로 쌓아올린 위
에 조기 세 마리를 올린 도적 틀을 놓고, 그 동편에 명태와 문어

및 홍합을 얹은 어탕을 놓았으며, 서편에는 육회와 육탕을 올렸다. 맨 안쪽 줄에는 세 신위의 반갱을 놓고 그 앞에 각기 잔반을 놓았으며, 동편 끝에는 시루떡 위에 절편과 송편을 차례로 쌓은 뒤 맨 위를 화전으로 덮고 그 위에 조청을 올려놓은 편틀을 놓았으며, 서편에는 면을 놓았다.

	면	반	갱	반	갱	반	갱	편	
	시저접	반잔		반잔		반잔			
	계탕		수육	제육	도적		어탕	좌반	
		육회	육탕	청장		나물	나물	나물	
		계란	두부	포					
	대추							바나나	
	밤	감	배	사과	밀감	포도	참외	수박	

　대체로 제찬의 진설은『국조오례의』와『주자가례』에 정해 둔 형식이 있지만 시대마다 제찬의 종류와 진설하는 방식에 일정하지 않은 점이 있다. 점필재의『이준록』에 수록된「선공제의」의 제찬 진설이나 제찬 형식은 조선 초기 사대부 집안의 제찬 진설 형식을 반영한 것으로 보인다는 점에서 매우 독특하다. 거기에는 "변두籩豆를 넉 줄로 하여 바깥 줄에는 유과油果나 실과 네 그

릇, 그 안쪽 줄에 포脯와 해醢(육장)와 홍숙薨鱐(생선포)과 김치와 나물 등 다섯 그릇, 셋째 줄에는 병餠과 면, 적간炙肝, 어魚, 육肉 등 다섯 그릇을 놓고, 맨 안쪽 줄에 메와 잔, 장醬과 초醋와 갱포羹泡 등 다섯 그릇을 놓는다"라고 하였고, 또 기일에는 첫 줄에 "김치와 나물 생채를 사용한다"라고 하였다. 이제 점필재종택의 제찬의 진설을 살펴보면 그 대체의 규모와 형식에는 크게 변함이 없으나 과일과 어육의 수가 약간 늘어났다. 아마도 "의리에 해가 되지 않는다면 시속과 같이 한다"는 「선공제의」의 규범을 따른 것이리라.

4. 종손의 죽음

    병석에서 오래 버티던 종손 김병식이 2011년 4월 29일, 구력으로 3월 27일에 기어코 별세하였다. 발인 전날 문상을 갔더니, 차종손 진규가 상주가 되어 종택의 중사랑에 빈소를 차리고, 전 고령향교 전교인 문중 장로 김기수金麒秀 노인을 상례相禮로 하고 전 고령군수 이태근李泰根을 호상護喪으로 세워 5일장으로 상을 치르고 있었다.

    빈소殯所는 중사랑의 방 안쪽에 마련하여 그 위에 영정과 혼백을 놓고, 그 앞 제탁에 과포의 전을 차리고 제탁 앞에 향안을 놓아 영위靈位를 설치하고, 그 앞에 휘장을 쳐서 안팎을 구별하였다. 중사랑의 문밖 마루에 차종손 진규 3형제가 멍석자리를 깔고

중사랑에 차린 빈소 밖의 상청喪廳 서편에 차종손 삼형제가 서고, 중사랑의 서편 안마당에 안상제가 멍석을 깔고 줄을 지어 섰다. 동편의 사당 가는 길에 만장을 세워 놓았다.

짚베개를 두고, 굴건제복을 입고 대나무 상장喪杖을 짚고서 곡을 하며 문상객을 맞이하였다. 안상제들은 중사랑 서편의 안마당에 멍석을 깔아 놓고 서열대로 줄을 지어 서서 곡을 하였다.

　빈소의 방문 입구에는 '신묘삼월이십칠일묘시고복辛卯三月二十七日卯時皐復'이라 초혼한 일시를 써 붙였고, 한편에는 초상이 난 지 사흘 되는 날 유림에서 개좌開座하여 정한 양례분정기襄禮分定記를, 또 빈소의 방문 위에는 초상시집사분정기初喪時執事分定記를 걸어 놓았다.

상례相禮	유학幼學 김기수金騏秀
호상護喪	군수郡守 이태근李泰根
축祝	유학 김병조金炳朝
사서司書	유학 김병기金炳基
사화司貨	유학 김병훈金炳熏
대장敦匠	유학 김병섭金炳燮
조빈造殯	유학 김병록金炳錄
인빈引賓	유학 김병만金炳滿
원原	

신묘삼월이십칠일辛卯三月二十七日

상주 세 형제와 그 부인과 자매, 두루마기를 입고 포대布帶를 두른 어린 자손들 외에, 상가에서 오가며 일을 보는 사람과 종택 앞에서 상여를 준비하거나 출상을 준비하는 수십 인의 많은 사람이 모두 두건을 쓰고 있었다. 상례相禮를 맡은 명암 노인에게 물어 보니, 상가의 형제자매와 연세가 매우 높은 망자의 당숙 두 분 외에는 8촌 이내의 복친服親은 없고, 이들은 모두 이 동네, 다른 동네에서 온 종친으로 종손宗孫에 대한 종복宗服의 의리로 두건을 쓰고 있는 것이라 하였다. 상복은 본디 삼종三從형제의 시마복緦麻服에 끊어지는 법이나, 종손은 군도君道가 있기에 종인宗人이 종손에 대하여 시마복으로 복을 입는 것이 종법의 의리이다. 이 집

영연靈筵을 지키는 차종손 김진규. 방문 앞에 고인의 운명을 확인한 고복 일시를 적어 두었고, 문 위에 양례의 집사분정기가 적혀 있다.

문충공 17대 종손 김병식의 상여 행렬. 북을 멘 선소리꾼을 앞세우고 24인의 상두꾼이 상여를 메었고, 그 뒤로 상제와 복
인이, 그 뒤로 만장 행렬이 따랐다. 그는 개실마을 뒷산에 묻혔다. 건너편에 보이는 봉우리가 접무봉이고, 오른편 아래 개
실마을이 보인다.(대가야사진연구회 제공)

안에서는 종법의 의리에 따라 종손에 대한 종복의 법도를 지키고 있는 것이다.

초상은 5일장으로 하되 상기喪期는 약간 변통을 하였다. 부재모상父在母喪의 사례를 준용해 1년으로 하여, 11개월에 연제練祭를 지내고 13개월에 상제祥祭를 지내고 15개월에 담제禫祭를 지낼 예정이며, 삼우三虞와 졸곡卒哭 이후에 차종손이 빈소를 서울로 모셔가서 차종부와 함께 조석상식과 초하루 보름의 은전殷奠을 올릴 것이라고 한다.

삼우三虞를 지낸 날 다시 찾아 갔더니 차종손 진규가 상복을 입을 채로 중사랑에 마련한 영연靈筵 앞에서 문상객을 맞이하고 있었다. 명암 노인에게 물었더니 초상 때 다녀간 조문객이 1,000여 인이 넘고, 발인 당일 300여 인이 참석하였다고 하였다. 뒷산에 새로 쓴 묘지를 둘러보고 온 나에게 묘소 자리가 어떠냐고 물었다. 차종손은 그 선친이 한동안 밀양의 선산으로 가려는 생각을 가지고 계셨는데, 결국 점필재 종손이 대대로 묻혀 온 종택의 가묘 뒷산인 개실의 동편 산등성이에 묻혔다고 하며 한숨을 내쉬었다. 서운함일까? 안도감일까?

작별하고 떠나려는 나에게 차종손은 또 "장사를 치르면 조금 나을 줄 알았더니, 삼우를 지낸 오늘 더 서글프다"는 말을 하였다. 그 목소리가 구슬프고 처연하였다. 그것은 다만 아버지를 여읜 슬픔 때문만이 아닐 것이다. 아마 그보다 더 막중한 종사를

감당해야 할 커다란 책임감이 더 무거운 중압감으로 다가올 것이
기 때문이리라.

제4장 분묘와 재사

1. 한골의 생가지

　　점필재종택은 점필재의 후손들이 대대로 살아온 개실에 있지만, 점필재의 산소는 점필재가 태어나 자라고 관직에 나갔다가 되돌아 와서 임종을 맞은 경상남도 밀양의 부북면 대제리 한골에 있다. 점필재종택이 점필재의 산소와 멀리 떨어진 경상북도 고령의 쌍림면 개실에 있는 것은, 점필재 사후에 겪은 참혹한 사화의 여파이다.

　　점필재는 사후에 밀양의 무량원에 묻혔다. 무량원은 지금의 밀양 시내에서 서남쪽의 하남읍으로 향하는 25번 국도 가에 있다. 밀양역에서 응천강을 건너 서편으로 향하면 처음으로 나타나는 동네가 예전에 예림서원이 있었던 예림리이다. 예림리에서

상남 들판의 서편 종남산 산록을 끼고 가다 보면 하남으로 넘어가는 고개가 나오는데, 이 고개의 중간쯤에 있는 조그만 마을이 무량원이다. 점필재는 산속의 분지인 무량원의 북쪽 작은 언덕에서 동남향(乾坐巽向)으로 앉은 양지바른 자리에 묻혔다. 무량원은 점필재의 외종조 박언충朴彦忠(1361~1457)이 살았던 귀령동龜齡洞에서 멀지 않은 곳이다.

1492년(성종 23) 8월 19일 별세한 뒤에 무량원에 묻혔던 점필재는, 1498년(연산군 4) 7월의 무오사화에 역적으로 몰려 부관참시剖棺斬屍의 형벌을 당하였다. 전해 오는 이야기에는 실제로 칼을 댄 것은 아니고 관의 머리 부분에 줄만 치는 것으로 그쳤다고도 한다. 이 일을 겪은 뒤 점필재의 묘소는 그가 태어나 자랐던 한골 뒷산으로 옮겨졌다.

점필재의 부인 남평문씨와 어린 아들 숭년은 또한 노비로 정속되고 가산을 적몰당하였으니, 꺼낸 시신을 다시 묻을 여력도, 겨를도 없었을 것이다. 점필재의 남은 가족 중에 맏형인 종석은 나이 38세로 오래 전에 별세하였고, 두 살 위의 형인 과당㼵堂 종유宗裕가 살아 있었다면 그의 아들 및 조카들과 더불어 이 일을 처리할 수 있었을 터이나 자세한 사정은 알 수 없다. 『일선김씨 역대기년』의 기록에 의하면 중종반정으로 설원하여 관작이 회복된 뒤인 1507년(중종 2)에 한골의 옛집 뒷산으로 옮겨 장사지냈다고 한다.

한골마을 입구의 문충공신도비각

점필재의 묘소가 있는 한골에 들어가면 동네 입구에 점필재의 신도비각이 서 있다. 신도비각 안에 모셔진 신도비의 제액은 「문간공점필재김선생신도비명文簡公佔畢齋金先生神道碑銘」이다. 비문은 점필재 생시의 벗이었던 허백당 홍귀달이 지은 것이고, 경암敬庵 오여벌吳汝橃(1579~1635)이 글씨를 썼으며, 동명東溟 김세렴金世濂(1593~1646)이 전액을 썼다. 제액의 시호가 문간공인 것은, 홍귀달이 신도비문을 지을 적에 처음 시호 문충이 대신들의 반대로 인하여 문간으로 고쳐진 뒤였거니와, 이 비석은 당초 세워진 그 비석이 아니고, 임진란 뒤에 밀양부사 이유달李惟達이 고을 유림의 건의에 따라 1634년(인조 8) 여헌旅軒 장현광張顯光의 후기를 붙여 다시 세운 것이기 때문이다.

신도비문은 본디 묘소의 동남쪽 입구의 신도神道에 세우는 것이다. 점필재 사후에 지은 허백당의 신도비문이 당초에 무량원의 묘소 입구에 그대로 세워졌는지는 알 수 없다. 이 비석을 세운 내력을 설명한 여헌의 후기에는 "본부 사람들이 그 덕업을 추모하여 예전 동구(故閭) 앞에 새겨 세웠는데, 임진 병란에 보전하지 못했다"고 하였다. 그렇다면 묘소를 옮기고서 중종반정 후 관직과 작위가 복원된 뒤에 한골 입구에 이 비석이 세워져 있었던 것은 분명하다. 이 비석을 세울 적에 비록 고을 사람들의 요청에 의하여 건립하기는 하였지만, 점필재 본손이 적지 않게 노력하였음을 알 수 있는 것은 그 전액과 비문의 글씨를 쓴 사람 때문이다. 동명은 계파가 다르지만 선산김씨로서 점필재와 관향이 같다. 오여벌은 곧 죽유竹牖 오운吳澐의 둘째 아들인데, 그 아우 여영汝楧은 점필재의 현손인 훈련판사 성률의 사위로서 고령 쌍림의 매림서원梅林書院에 향사하고 있는 한계寒溪 오선기吳善基(1630~1703)의 조부이다.

신도비는 아담하게 지어진 비각으로 보호되고 있다. 역시 향사림과 후손의 정성이다. 비각에는 15대 종손 태진泰鎭(1867~1948)이 1936년에 지은 비각중건기문이 걸려 있다. 당초 임진란 이전에 점필재의 손자 박재가 1562년(명종 17)에 밀양부사로 부임한 한성원韓性源과 함께 도내 인사의 뜻을 모아 사당을 건립하면서 비석을 세웠는데, 임진왜란에 없어진 것을 1634년(인조 12) 9월에 에림서원을 옮기면서 신도비 역시 옛날에 있었던 한골 동네 앞 그 자리에 다시 세우고, 뒷면에 여헌 장현광의 후기를 새겼다. 이후 1711년(숙종 37)에 상위당 세명世鳴이 중수하고, 1792년(정조 16) 세심재洗心齋 양정瀁精(1747~1814)이 다시 중수하였으며, 1826년(순조 26) 구헌懼軒 용진鏞振(1794~1861)이 중수하고, 1888년(고종 25) 선은 창현이 이어서 중수하였다고 한다. 세심재를 제외한 네 분은 모두 문충공 종택의 역대 종손이었다.

화악산이 밀양읍의 서쪽으로 감싸 흘러 서남쪽의 종남산으로 우뚝 올라서기 전에 잘룩하게 숨을 죽인 곳에 있는 한골은 서른 집 남짓의 조그만 동네이다. 동네의 집들은 모두 동향으로 앉았는데, 동구에서 첫 번째 집이 점필재 생가지이다. 개실의 종택이 개화산의 동남편 산록에 위치한 것과 방불하다. 점필재 생가는 근래에 단장을 하여 예전 모습이 많이 바뀌었다. 그도 그럴 수밖에 없는 것이, 이 집은 오랜 세월 동안 버려졌다가 1810년(순조10)에 이르러 후손들이 옛날 터를 찾아 묘소 아래의 분암墳庵으로 다시 건축하여 추원재追遠齋라 현판을 달았기 때문이다.

오랜 세월이 흐른 뒤에 후손들이 다시 찾아 지었다고 해서 실망할 필요는 없다. 이곳이 생가지가 분명한 것은 점필재의 시로써 증명할 수 있기 때문이다. 점필재는 소년 시절 그의 집에 있었던 물푸레나무와 차가운 샘물에 대하여 추억하는 시를 남겨 놓았다. 그는 "집 앞에 속칭 물푸레나무 한 그루가 있는데, 무성한 것이 사랑스럽다"고 하였으며, 또한 그의 집에 있었던 우물 열정洌井을 대견해 하였다.

땅 그득한 솔 그늘에 티끌 한 점 없는데	滿地松陰絶點塵
찬물 귀신은 어디서 옥 진액을 머금어 내나?	凌神何處嗽瓊津
두 해의 독한 가뭄에 마른 우물 많아서	二年亢旱多眢井
짧은 줄로 떠들썩하게 사방에서 모여드네.	短綆喧喧集四隣

점필재는 이 시에 설명을 붙여 이르기를 "우리 집에 있는 우물은 극히 차가운데, 큰 가뭄이 되어도 마르지 않는다. 지난해부

점필재의 생가 추원재 입구. 집 뒤 산기슭의 솔숲 안쪽에 점필재 묘소가 있다.

밀양시 부북면 대제리 한골의 점필재 생가 터에 있는 추원재

점필재 생가지 추원재의 서남쪽 담장 아래 있는 우물
600년 동안 변함없이 수량이 풍부하여 항상 물이 가득 차 있다.

터 올해까지 비가 적게 와서 들판이 바짝 마르고 동네의 우물이 모두 마르자, 이웃에서 동이를 이고 물을 길으러 오는 자가 낮밤으로 두레박질을 하여 끊이지 않는다'라고 하였다.

지금 한골 동네에는 물푸레나무가 있는 집은 보이지 않는다. 물푸레나무야 본디 눈병을 고친다고 베어 가고 농기구의 자루를 만든다고 베어 가니, 요즈음 동네 근처 산에서는 좀처럼 보기 어렵다. 그러니 점필재 시대의 물푸레나무를 찾는 것은 당초에 무리이다. 그런데 그 우물은 여전히 그 자리에 남아 있다. 나는 이곳에 들를 적마다 집의 오른편 모퉁이에 있는 우물을 살펴본다. 땅을 가득 덮은 소나무가 있었다는 그곳에 소나무는 없고 제법 오래된 향나무가 우물 위를 덮고 있는데, 우물에는 올 때마다 언제나 물이 그득하게 고여 있다. 그 물을 쓰기 위하여 지금도 펌프용 용수관이 담겨져 있다. 그만큼 수량이 풍부하다는 말일 터이다. 이 우물에는 점필재의 시 표현대로 두레박줄이 길 필요가 없다. 추원재 옆의 밭에서 일을 하고 있는 진영호 노인에게 물었더니, 노인이 말하기를 "3년 가뭄에도 마르지 않아요. 날이 가물어 물이 마르면 저 아랫동네 사람들까지 저 우물물을 폈지요"라고 하였다.

이 동네에 이렇게 물이 좋은 우물은 달리 없다. 점필재의 부친 강호가 한골의 박씨부인에게 장가든 것이 1420년(세종 2)이었으니, 근 600년이 되도록 마르지 않고 풍부한 수량을 품고 있는 이 샘물은 점필재 당시의 그 열정임에 의심할 여지가 없다. 추원재 마루에는 '전심당傳心堂'이라 적은 현판이 걸려 있다. 심학의 진수를 전하여 우리나라 도학의 물꼬를 터놓은 강당이라는 뜻이다. 샘물은 오랜 세월이 흐르면 수맥이 옮겨간다고 하는데, 이 샘이 그 오랜 세월에도 마르지 않는 것처럼 점필재의 심학이 끊임없이 솟구치고 있는 것일까? 안동 예안의 도산서원 앞에도 열정이라 이름을 붙인 우물이 있다. 퇴계 선생이 도산서당을 지어 학문에 전념하면서 물을 길어 마셨던 샘이다. 그 샘은 지금 도산서원 정화 사업 뒤에 깊은 우물이 되어 무거운 뚜껑으로 덮어 놓았다. 거기에 비하면 이 우물은 훨씬 나은 편이다. 비록 옛날처럼 식수로 사용하지는 않지만 그래도 논밭을 적시는 원천으로 여전히 사용되고 있기 때문이다.

그런데 추원재의 대문 아래 세워 놓은 안내판의 내용은 조금 마음에 걸린다. 점필재가 열정 우물이 있는 이곳에서 태어나고 자란 것에는 이론이 있을 수가 없다. 그런데 안내판에는 점필재가 이곳 추원재 터에 있었던 본댁에서 별세한 것으로 설명해 놓았다. 점필재는 부친상이 끝난 뒤 명발와를 짓고 그곳에 거처하였다. 점필재는 형제간의 서열이 셋째이다. 셋째인 그가 장가들기 전까지 이 집에 드나들며 거처한 것은 의심할 것이 없다. 그러나 그는 나이 스물에 김천 봉계의 하산조씨에게 장가들어 김천을 오고 갔는데, 이때에도 이 집에 와서 거처하였는지는 의

문이 있다.

　점필재는 젊은 시절 밀양의 새로 지은 집에 대한 시 한 편을 남겼다. 그 시의 한 구절에 "온 동산 솔과 대는 절로 가을 색이요, 고국의 누대는 석양에 알맞구나"(一園松竹自秋色 故國樓臺宜夕陽)라고 하였다. 새로 지은 집에서는 밀양 시내의 무봉산 언덕에 우뚝 솟아 있는 영남루와 그 부속 건물이 눈에 들어왔던 것이다. 그런데 지금의 추원재에서는 영남루 건물이 보이지 않는다. 추원재에서 왼편으로 스무 걸음 정도 이동해야 멀리 영남루 건물을 바라볼 수 있다. 새로 지은 집 이름 명발와는 '동이 트는 오두막'이라는 뜻이니 그 건물은 추원재와 같은 좌향의 동향이었을 것이나, 영남루가 보였다면 그곳은 추원새 왼편 예전에 민가가 있었던 곳일 터이다. 점필재는 본댁 옆에 있었던 명발와에서 별세하였고, 그 아들 숭년과 숭년의 세 아들들은 모두 명발와에서 태어났으나, 그 명발와의 위치는 지금 확인할 수 없다.

　추원재 마당에서 왼편 위로 한 집 건너 서남편 언덕에는 여흥민씨의 재실이 남아 있다. 점필재의 외조모가 이 동네에 살았던 여흥민씨였다. 간혹 점필재의 부친 강호 김숙자가 밀양의 토호인 사재감정 박홍신의 외동딸에게 장가들어 많은 전장을 물려받은 것으로 논하는 사람이 있지만, 나는 그것이 반드시 사실과 부합하지는 않는다고 생각한다. 점필재의 『이준록』에 실려 있는 그 모친 박씨의 행장에 의하면, 밀양박씨는 나이 열넷에 어머니 여흥민씨를 잃었다. 박씨의 친정아버지 박홍신은 그 뒤에 다시 재취 장가를 들어 서천리西天里에 거주하였는데, 금슬이 좋지 않고 또 서울에 있을 때가 많았으므로, 박씨는 민부인의 어머니인 외조모 손부인孫夫人에게 의지하여 살았고, 서모인 소련小蓮이 보살펴 주었다고 한다. 박홍신이 죽자 서자인 아들 근생根生이 그 아버지의 시신이 없는 무덤을 밀양읍의 동쪽 산골 단장면에 마련하였는데, 얼마 되지 않아 근생 또한 자식 없이 죽어서 그 무덤도 장소를 알 수 없게 되자, 점필재 형제는 민부인의 묘소에서 외조부모의 묘제를 지냈다고 하였다. 그렇게 점필재 형제가 태어나고 자랐던 한골은 외조부 박홍신이 세거했던 동네라기보다는, 박씨의 친정어머니 여흥민씨가 살던 동네라고 함이 옳을 듯하다. 박홍신의 측실 소생이 그 아버지의 산소를 이곳에서 먼 단장면에 마련하고 그 외손들이 외조부의 산소를 찾지 못할 정도였으니, 부모님이 다 별세하고 외가에 얹혀살았던 박씨의 처지가 그다지 넉넉했다고 보기는 어려울 것이기 때문이다.

2. 점필재 묘소와 분저곡의 선산

　　추원재의 쪽문을 나와 산길로 올라가면 솔밭 사이로 점필재의 묘소가 보인다. 예전에 묘소 앞의 경사가 급하였는데, 몇 년 전에 석축 공사를 하여 묘소 앞을 아스라이 돋워 놓았다. 묘소로 들어가는 길 아래 17대 종손 김병식의 이름으로 공사의 후원자를 밝힌 빗돌이 서 있고, 그 뒤에 방후손 종택宗澤이 지은 묘역중창 기적비를 세워 놓았다. 2007년부터 2008년까지 2년여에 걸쳐 묘소를 새로 수축하는 대대적인 공사가 있었는데 그 경과와 내력을 적어 놓은 것이다. 비문에 의하면 관을 묻은 앞쪽에서 책을 태워 묻은 듯한 재가 몇 자루나 쏟아져 나왔고, 그 재를 담은 듯한 궤짝의 쇠못 8개가 함께 나왔다고 한다. 무오사화에 점필재의 그

숱한 저술을 후대에 전하지 못한 채 재로 바꾸어 묻었다는 말이니, 참으로 재삼 통탄할 일이다.

묘소로 올라가면 호석을 두른 봉분 좌우에 묘비가 각기 하나씩 서 있다. 묘소 오른편에는 앞면에 문충공점필재김선생지묘文忠公佔畢齋金先生之墓라 쓰고 뒷면에 미수眉叟 허목許穆의 점필재김선생묘갈후지佔畢齋金先生墓碣後識를 새긴 묘표가 있다. 이 묘표의 후지는 문충공 복시 전에 지은 것이나, 묘표에 문충공이라 쓴 것을 보면 복시 이후에 건립된 것이다. 묘표 뒷면을 확인해 보니 상지사년정미上之四年丁未, 즉 1727년(영조 3) 3월에 세웠다고 기록되어 있다. 묘소 왼편의 묘비는 형조판서증영의정시문충공점필재김선생지묘刑曹判書贈領議政諡文忠公佔畢齋金先生之墓라고 쓴 전액篆額 아래 수암 권상하權尙夏가 지은 비문을 새겼는데, 이 비석은 아래 부분이 비바람에 갈려나가 묘소의 계단 아래 왼편에 같은 내용을 새긴 비석을 하나 더 세웠다. 이 세 개의 비석은 묘소를 새로 수축하기 이전에 역시 그 자리에 있었던 것들이다. 이 비석 역시 1727년(영조 3) 3월에 밀양부사 조언신趙彦信이 건립하였다고 되어 있다. 조선 후기 조정의 집권 사대부들이 노론과 소론, 남인과 북인으로 나뉘어 반목이 극심하던 시절 각각 남인과 노론을 대표하는 두 사람이 작성한 묘표가 문충공 복시 직후 점필재 묘소에 동시에 건립되었다는 것은 매우 기묘한 일이다.

점필재 묘소에서 앞으로 바라보면 들판 가운데 점필재가 태

문충공 묘역. 근래에 묘역을 수축하면서 봉분에 호석을 새로 두르고 계체階砌 아래의 터를 돋우고 넓혔으나, 두 기의 묘비와 세호細虎를 새긴 망주석은 예전 그대로이다.

어날 적에 넘쳤다는 감내 방천 너머 멀리 밀양 시가지와 무봉산 자락에 올라앉은 영남루 건물이 한눈에 들어온다. 점필재는 어렸을 때 그 중형 과당공과 더불어 이 산에 올라 밀양 시가지를 바라보며 밀양의 역사를 회고한 적이 있다. 묘소 왼편의 외청룡 산자락은 점필재의 선친 강호 김숙자의 산소가 있는 분저곡의 뒷산 능선이다.

밀양 시내에서 마흘고개를 넘어 무안으로 들어가는 지방도를 따라 고갯길을 올라가면 고개 정상에 못 미쳐 한골 쪽으로 뻗어 내린 긴 능선이 있는데, 능선 위에 강호 김숙자의 묘소가 있다. 묘소 아래의 길가에는 근년에 세운 점필재의 형 과당_{莪堂} 종유_{宗裕}의 단소_{壇所}를 알리는 두 개의 큰 비석이 서 있다. 과당의 단소를 지나 도로를 따라 조금 더 올라가면 오른편에 강호 묘소로 향하는 계단이 나타난다.

계단 위로 발을 올려놓으면 곧장 '강호선생묘소입구'라는 표지석이 보이고, 언덕 위로 올라서면 맨 먼저 눈에 닿는 것이 점필재의 모부인 밀양박씨의 묘소이다. 밀양박씨의 묘소 위로 점필재의 부공 강호 김숙자의 묘소가 있고, 그 위에 점필재의 외아들 참봉 숭년의 묘소가 있다. 숭년의 묘소 위에 가장 높은 곳에는 숭년의 셋째 아들 박재 뉴_紐의 둘째 손자인 성발_{聲發}(1583~?)의 묘소가 있다. 또한 밀양박씨의 묘소 아래에는 성발의 계자_{系子}인 효계_{孝繼}의 산소가 있고, 효계의 산소 아래 가장 낮은 곳에는 봉분의 형체를 알아보기 어려우나 점필재의 외조부인 사재감정 박홍신과 외조모인 삼사좌윤_{三司左尹} 민위_{閔暐}의 딸 여흥민씨_{驪興閔氏}의 무덤이라 표기하여 놓은 상석이 있다.

묘소의 비석과 상석 외에 눈여겨볼 것은 정부인 밀양박씨의 산소 동편 축대 아래 서향으로 세워진 오래된 석비 한 기이다. 글자가 심하게 마모되어 판독하기 어렵지만 다가가서 비석 뒷면을 살펴보면 성화_{成化} 17년(1481) 신축_{辛丑} 12월 초2일에 세웠다는 날

성종 11년(1481) 점필재 선생
이 모친상을 당하여 시묘살
이를 할 석에 세운 비석. 점
필재의 선공 강호 선생과
모부인 박씨부인 및 외조모
민부인의 묘소 위치가 표시
되어 있다.

짜 표기와 함께 이남二男 전청송교수前靑松敎授 종유宗裕, 삼남三男
전선산부사前善山府使 종직宗直이란 글자를 희미하게 판독할 수 있
다. 다시 앞면을 살펴보면 가로 12줄 세로 25줄로 글자가 새겨져
있는데, 모두 판독하기 어려우나 세 줄은 그런대로 짐작하여 읽
을 수 있다.

전前 여흥민씨부인지묘驪興閔氏夫人之墓

후後 중직대부 예문관직제학 겸춘추관기주관 봉정대부 성균
사예 김공휘숙자 자자배지묘中直大夫 藝文館直提學 兼春秋館記注
官 奉正大夫 成均司藝 金公諱叔滋 字子培之墓
중中 영인박씨부인지묘令人朴氏夫人之墓

　성화 신축년이라면 점필재 형제가 모친상을 당하여 3년상을
치르면서 2주기인 대상大祥이 다가올 무렵이다. 이 무렵은 추강
남효온이 점필재를 찾아와서 상을 치르는 모습을 보고는 "조석
으로 곡을 하면 지나는 사람이 모두 감동하였다"라고 하였던 바
로 그때이다. 효려를 지키면서 이 빗돌 하나를 세워 세 무덤을 표
시한 것을 보면, 이때 점필재 형제는 앞서 60여 년 전에 돌아가신
외조모 여흥민씨는 물론 20여 년 전에 타계한 부친 강호의 산소
에도 이때까지 묘표 하나를 세우지 못하였던 듯하다.
　나는 얼마 전에 한골을 찾아갔다가, 밭에 일하러 나온 진영
호陳永浩 노인과 이야기를 주고받는 가운데, 점필재의 형제들이
강호의 산소를 이곳에 모신 것은 박부인의 기지 때문이라는 이야
기를 들었다. 강호는 3월 초2일에 별세하였는데, 점필재 형제들
은 여덟 달이 넘도록 산소를 쓸 만한 곳을 찾지 못하여 장사를 치
르지 못하고 있었다. 그런데 그 사이 이 동네의 토박이인 민씨 집
안에 상이 나서 유명한 지관을 데려와 분저골 지금 이곳에 묘 터
를 잡고는 장차 장사를 지내려고 파토破土를 하여 광을 파고 토역

土役을 하면서 장사 날짜를 기다리고 있었다. 그때 외가인 민씨 집안에 붙어살던 박씨부인이 밤중에 몰래 물을 길어다 광중에 부어 놓았다. 날이 밝아 광중에 물이 든 것을 발견한 민씨 형제들이 무덤을 옮기기로 작정하자, 박씨부인이 그 외가 형제들에게 가서 기왕에 쓰지 않을 것이라면 그 터에 당신 남편을 묻겠다고 청하여 그해 겨울에 겨우 묘를 썼다는 것이다. 진 노인은 덧붙여 말하기를, 한골의 민씨들은 그 뒤로 선산을 한골의 오른편 백호 등으로 옮겨 갔다고 하였다. 사실인지는 알 수 없지만, 어머니 아버지를 다 여의고 외조모의 보살핌으로 외가에 의탁하여 살았던 박씨 부인의 처지와 형편을 잘 묘사한 전설임에는 틀림없다.

개실의 김기수 노인이 보여 준 『일선김씨역대기년』에는 박재의 후손인 조산공朝散公 성발과 사용司勇 효계의 무덤이 이곳에 있는 것은 산 아래에 세거하였기 때문이라고 하였다. 그러나 점필재의 후손은 더 이상 한골에 살지 않는다. 점필재의 자손 중 아들 숭년의 무덤이 여기 있으나, 점필재의 재취부인 남평문씨와 세 손자의 묘소는 모두 이곳을 떠나 합천의 야로와 고령의 용담 인근으로 옮겨 갔다. 큰손자 윤綸은 그 아들 천서天敍 대에 이르러 후사가 끊어졌으니 말할 것은 없고, 둘째 손자 유維는 고령의 개실 서편 대사동에 묻히고, 셋째 아들 뉴紐는 그 모부인과 같은 산에 묻혔다. 이로써 점필재 후손의 세거지는 둘째 손자 유의 처가 곳인 고령의 쌍림 인근으로 정해졌던 것이다.

3. 개실의 재사와 사적

점필재의 손자 유維의 증손 수휘가 터를 잡은 개실마을에는 문충공종택 외에 네 곳의 재실이 있다. 도연재道淵齋와 모졸재慕拙齋, 추우재追友齋와 화산재花山齋가 그것이다. 이 재실들은 모두 개실에 거처를 정한 남계 수휘의 계자인 이彛의 다섯 아들 가운데 백중숙伯仲叔 세 파의 재숙소이다. 나는 명암 노인을 따라 이 재실들을 둘러보았다.

도연재는 개실의 문충공 종중의 강학소講學所이다. 이 재실은 1904년 유림의 발의로 주손 창현의 주간하에 완성된 건물이다. 유헌遊軒 장석룡張錫龍(1823~1907)이 지은 기문에 의하면, 점필재로부터 비롯하는 도학연원을 기념하여 강학하는 장소로 지은 것이라

개실마을 앞에 있는 도연재. 점필재 선생의 도학을 기려 유림이 모여 채례를 거행하는 곳이다.

한다. 유헌이 지은 기문에는 문충공 후손들이 밀양의 한골에서 고령의 개실로 이거한 경과를 다음과 같이 요약하여 놓았다.

> 웅천凝川의 한골에 있었던 명발와는 뒤에 예림서원이 받들어 모시는 곳이 되었고, 금릉金陵의 자양동紫陽洞 종련실種蓮室은 그대로 제사를 받들어 모시는 경렴서원景濂書院이 되었으니, 이로써 선생의 도학연원에 유래가 있음을 볼 수 있다. 세상길 이 날로 바뀌더니 무오·갑자의 사화 이후로 고단한 문호가 의탁할 길이 없었다. 천리가 참으로 밝아서 사면 받아 돌아옴 에 합천으로 돌아가 이 고을의 행정리에 살았고, 간신히 세 세 대를 지내고서 고령의 용담 하동리下洞里에 우거하였으며, 갑 자기 임진왜란의 전쟁을 당하여 송림松林 지동池洞에 유적을 파묻고 화왕산성에서 창의하여 겨우 쇠잔한 가문을 보전하였 으니 이 또한 천리가 사라지지 않았음일까? 신묘년에 처음으 로 가곡리佳谷里에 터를 잡았다.

명암 노인의 말씀으로는 이곳에서 해마다 봄가을로 유림이 모여 점필재에 대한 채례菜禮를 거행해 왔다고 한다. 정면 5칸의 맞배지붕의 건물은 근년에 기와를 고쳐 이고 약간의 수선을 가하 였으나, 기둥과 들보 등의 기본 결구는 예전 그대로라고 한다. 차 종손은 그 관련 계안契案이 보관되어 있다고 하였다. 뒤에 계안을 살펴보니 고령 관동의 처사 홍와弘窩 이두훈李斗勳(1856~1918)이 1916년에 작성한 계안서가 앞에 있다. 계안의 첫머리에 도연재 채례를 시작한 사유를 이렇게 설명하였다.

우리 문충공 김 선생은 문장과 도덕이 전고에 크게 드러나서 우뚝 사문의 종서宗緒가 되었으니, 대개 포은·야은의 연원이 강호에게 파급되었다가 선생에게서 발휘되었으며, 한훤당과 일두 두 분 선정先正은 또 그 적류嫡流였다. 이로부터 천 갈래 만 갈래로 우리 동국에 그득하여 지금까지 유자의 의관을 입고 성현의 학문을 배워서 예의를 강론하는 자는 모두 선생의 문도이다. 선생이 계왕개래繼往開來한 공은 실로 동방 백세의 사표로다. 선왕의 성대한 시대에 조정에서 존현의 법도를 높여 선생을 제사하는 곳이 고을마다 이어져서 사림이 의지할 곳이 있었고 후학들이 존경할 곳도 있었으나, 천하가 혼란함에 우리의 도가 점차 사그라져 제사 지내는 곳이 폐기되고 선비들은 흩어져서 절하고 읍하던 마당에 풀이 무성하고 구름만 날아다니며, 여름에 시를 외고 봄에 예를 익히던 모습은 모두가 사라졌다. 오호라, 이는 세상의 도를 위하여 마음 아파할 일이로다. 선생의 사당이 이 고장에 있게 된 지 거의 수백 년이나 오래되고 그 자손이 대대로 살고 있어서 이 고장에서 선생을 존모하는 것은 더욱이 다른 지역 사람보다 자별함이 있으나,

아직도 선생을 위하여 지은 몇 칸의 집이 없으니 고을 인사들이 모두들 탄식하며 답답해하는 마음 어찌 그지 있겠는가? 지난해 고을 인사들이 선생의 주손인 참봉공 창현과 의논하여 계를 모으자는 논의를 발의하니 온 도내의 선비들이 모두 좋다고 하였다.

서문에 의하면, 20세기 초 제국주의 열강의 각축장이 되어 조선의 운명이 풍전등화같이 위태하던 시절, 조선조에 유자의 학문을 열어 주었던 점필재의 학문을 기리며 유자의 학문을 계승하여 국가의 기맥을 부지하겠다는 일념으로 발의된 강당 건립 사업은, 당초 점필재 14대 종손 선은 창현이 추진하였으나, 조선이 망하고 선은이 만주로 망명함에 따라 일시 중단되었다. 그러다가 선은의 아들 태진이 부친의 사업을 이어 병진년에 비로소 점필재를 추모하는 채례采禮의 규목規目을 확정하고 이듬해부터 채례를 거행하게 되었다.

두 책으로 된 『도연재계안道淵齋契案』에는 "고을과 도내에서 입계한 사람이 무려 수천에 이르러 나이 순서대로 기록할 수 없어, 본향에서는 각 문이 거처하는 동네별로, 도내 인사는 각 고을별로 분류하여 명단을 수록한다"는 말이 있으니, 나라가 망한 시기에 점필재를 추숭하여 입계하는 지조 있는 인사들이 많았음을 짐작할 수 있다. 별도로 보관된 「도연재석채홀기道淵齋釋菜笏記」에는 지위紙位에다 2변籩 2두豆를 진설하고 단헌單獻으로 향사하는 채례의 절차가 기록되어 있는데, 대개 서원훼철 이후 이 시대 향현사鄕賢祠에 널리 사용되었던 창주정사석채滄洲精舍釋菜 규범을 준용한 것으로 보인다.

모졸재는 종택의 동쪽, 개실마을의 동편에 있는 장파長派의 재실이다. 정면 네 칸, 측면 두 칸의 이 재실 정면에는 모졸재 현판을 달고, 대청마루에는 저존당著存堂이라는 현판을 다시 하나 더 걸었다. 모졸재는 개실 입향조 수휘의 장손자인 졸와拙窩 시락是洛을 추모하는 재실이라는 말이다. 모졸재에는 1964년 6월에 고령의 근대 학자 이헌주李憲柱가 지은 기문 현판이 걸려 있다.

『문충공파보』에 실려 있는 「졸와행록拙窩行錄」에 의하면, 졸와는 점필재의 7대손으로 자가 희철希哲이다. 그는 조부 남계공이 개실에 입향한 이후 문충공 후손으로서는 처음으로 이곳에서 태어나 성장한 사람이다. 그는 1658년(효종 9)에 태어났는데, 효성이 지극하여 나이 열다섯에 부친의 병이 위독해지자 손가락을 찢어 피를 내어 부친의 입에 흘려 넣어 일시 소생하게 하였다. 그러다가 상을 당하자 네 아우를 데리고 상례를 가례에 따라 행하였고, 제사 의식은 『이준록』을 참조하여 제정하였다. 삼년상을 끝낸 뒤 그는 마을의 궁벽한 곳에 오우당五友堂을 지어 형제들과 함께 지내며 홀어머니를 효성으로 모셨다. 그의 존고모부 오여영吳汝模의 손자 한계寒溪 오선기吳善基가 「오우정기」를 지어 그 일을

모졸재. 개실마을에 정착한 문충공 후손 중 장파의 재실이다.

기록하였다. 그 기문에 이르기를, 졸와는 아버지가 돌아가신 뒤
에 어린 형제들을 데리고 효성이 지극하였을 뿐 아니라, 형제간
에 우애가 깊어서 형제들이 성장하여 재산을 나눌 적에 자기 소
유의 토지나 노비나 재물이라도 오직 어머니가 시키는 대로 아무
런 난색을 표하지 않고 아우들에게 다 나누어 주었으며, 또 막내
제수가 아들을 해산하다 죽자 자기의 여종으로 하여금 양육하게
하고는 그 공으로 그 여종의 아들 한 사람에게 역을 감면해 주는
보답을 하였다고 한다. 또 졸와는 형제들과 의계義契를 만들어 재
물을 모아 제전祭田과 묘소의 석물을 설치하는 한편 족친 중에 가

난하여 혼사나 장례를 제대로 치르지 못하는 자를 도와주었다고 한다.

졸와는 그 뒤 1691년(숙종 17) 진사시에 합격하고, 1701년(숙종 27)에 효행으로 천거되어 효릉참봉으로 임명되었으나, 한 달 만에 모친의 병환으로 사직하고 돌아와 모부인을 지성으로 모셨다. 그 뒤 1708년(숙종 34)에 다시 후릉참봉이 되어 상소문을 올려 문충공 선조의 복시를 요청하고, 이듬해에 헌릉봉사가 되었다가 병을 얻어 그해 6월에 오우당에서 별세하였다. 그 아들 세명世鳴은 호가 상위당相違堂인데, 한계 오선기의 문하에서 수학하여 학문과

개실마을에 정착한 문충공 후손 중 중파의 재실 추우재

행실로 명성이 있었다.

추우재는 개실 동네의 서편 가장 깊은 곳에 있는 재실로, 졸와의 아우 시수의 후손들이 세운 재실이다. 자연석으로 쌓은 기단에다 정면 3칸 측면 2칸의 팔작지붕에 동편 두 칸은 방으로 하고 서편 한 칸을 마루로 하여 토담으로 둘러싼 단아한 규모의 이 재실은, 동네의 뒤편 산 아래 위치하고, 서편 쪽문 앞에 한 아름 됨직한 느티나무가 그늘을 드리우고 있어 매우 아늑한 느낌이 든다.

광복 후 1948년에 건립된 이 재실에는 추우재 현판 외에 1948년 4월 문충공 15대 종손인 우헌愚軒 태진이 지은 「추우재기追友齋記」와 1949년 중추에 이규형李圭衡이 지은 상량문, 1952년 3월에 시수의 9대손 춘수春秀가 지은 「추우재사실기追友齋事實記」, 후손 태현台鉉(1881~1952)의 근제추우정謹題追友亭 시판 등 네 개의 현판이 걸려 있다. 기문의 내용에 이런 말이 있다.

우리 선조 오우당공께서는 문충공 집안에서 태어나 보고 들은 것이 시례詩禮의 교훈과 인륜의 도리에서 벗어나지 않으셨다. 그러므로 습관이 성품이 되어 가정에서 효도하고 우애하여 명성이 세상에 알려졌다.⋯⋯ 『이준록』 한 부의 책은 우리 집안의 보배이고, 이것은 오우당공이 평소에 가슴에 간직하여 실행하던 것이니, 이제 이 재실에 거처하는 자가 날마다 이 『이준록』을 강습하여 힘써 뜻을 두고 수행한다면 이는 실로 공을

추모하는 도리이고, 뒷날 자손들이 반드시 보고 감흥을 일으
킴이 있을 것이다.

　기문 내용 가운데 『이준록』이 집안의 보배이니 이를 강습하
여 실행하라고 한 말이 특별히 돋보인다. 『이준록』은 점필재가
그 선공의 가계와 이력과 언행과 제의祭儀를 기록한 것인데, 이
기문에서는 그것이 시례의 교훈과 인륜의 도리에서 벗어나지 않
는다고 하였다. 그렇다. 사람의 도리로 효도와 우애보다 앞설 것
은 없다. 제 부모를 사랑하고 제 형제를 사랑하는 마음이 싹트면
비로소 사람으로서 사람다운 구실을 하려는 자각이 일어나고 그
런 언행이 다듬어지는 법이지, 제 부모 형제를 외면하고 불화하
고서 사회와 인류를 위해 헌신하는 덕성을 성취하기는 어렵다.
그것이 점필재가 가르쳤던 소학의 가르침이고 성리 도덕의 실체
가 아니던가! 오우당의 현손 대에 가정佳亭 상직相稷이 문과에 급
제하여 병조참의를 역임하였고, 탄옹灘翁 상락相洛이 생원 진사에
합격하였으며, 5대손 역우당亦憂堂 양묵養默이 고종 을축년에 문
과에 급제하여 사간원정언과 예조좌랑을 역임하였고, 그 밖에도
여러 사람의 학자가 배출되었다. 효도와 우애의 미덕이 사람을
감동시킨다는 말이 여기서 징험된다.
　화산재는 매암 시사의 후손들이 건립한 재실이다. 동네 앞
에 있는 도연재의 서편 골목의 안쪽에 있는 이 재실은, 막돌로 쌓

개실마을에 정착한 점필재 후손 중 숙파의 재실인 화산재. 마루 안쪽에 석류헌 현판이 있다.

은 기단 위에 정면 여섯 칸 측면 두 칸의 팔작지붕에다 서편 두
칸을 마루로 하고 동편 네 칸에 방을 두었는데, 서편의 기둥 다섯
은 모두 두리기둥이나 동편 끝의 기둥 둘은 네모 각기둥이다. 그
사이 중수가 있었는지 모르나 기둥이 이렇게 불규칙한 것은 필시
그 이유가 있을 터이다.

　　화산재 전면의 기둥 일곱에는 모두 주련을 달았고, 대청마루
에 석류헌錫類軒 현판이 걸려 있으며, 1948년에 후손 태종泰鍾
(1892~1975)이 지은 「화산재소기華山齋小記」 현판과 추원별묘追遠別廟
현판 하나가 별도로 보관되어 있다. 동행한 명암 노인에게 물었

더니, 화산재 마당 왼편에 있는 맞배지붕의 기와 건물이 바로 추원별묘 사당 건물인데, 지금은 개조하여 거실로 만들었기 때문에 현판을 떼어 놓은 것이라고 한다.

내 짧은 지식으로 추리하면, 별묘別廟는 대체로 4대를 봉사하는 본 사당 외에 별도로 신주를 모셔야 할 경우에 세우는 특별한 사당이다. 간혹 조천祧遷하지 않는 불천위不遷位를 별묘의 부조묘不祧廟로 모시는 경우도 있으나, 대개 해당 종손의 봉사奉祀 대수가 끝나고 조천한 신주 가운데 대수가 끝나지 않은 자손이 있는 경우, 그중 항렬이 높으면서 연장자인 사람이 신주를 모시는 장방봉사長房奉祀를 위하여 별도로 건립하는 경우가 많다. 그렇다면 이 재실에는 본디 장방봉사를 위하여 별묘가 있었는데, 장방봉사의 관습이 없어지면서 이렇게 현판만 남게 된 것이리라.

마당 남편 한켠에는 일선김씨오세효행사적비一善金氏五世孝行事蹟碑 한 기가 있다. 본디 동네 앞의 길가에 있던 것을 이곳으로 옮겨 온 것이라 한다. 이 재실은 곧 이 동네 한 집에서 다섯 세대에 걸쳐 나온 다섯 효자(五孝)를 기념하는 곳이다. 화산재의 다섯 효자는 입향조 남계의 셋째 손자인 매암 시사와 그 큰아들 연한당 선명, 연한당의 둘째 아들 죽헌 문정, 죽헌의 큰아들 처사 경복敬福(1736~1804), 처사의 큰 아들 지수芝叟 치정致精(1767~1815) 등 5대 조손祖孫으로 이어지는 다섯 사람을 가리킨다. 오효의 행적은 『원행록源行錄』이라는 책에 상세하게 전한다.

4. 잉어배미와 다섯 효자

    명암 노인은 다섯 효자와 관련된 전설이 있는 마을 서편의 잉어배미로 안내해 주었다. 효자를 위하여 잉어가 튀어나왔다는 이출지鯉出池가 있는 곳이다. 예전에 아마도 논 근처의 자그마한 웅덩이였을 잉어배미는 논 한 뙈기를 할애하여 못으로 만들고 못 가운데 뛰어오르는 잉어를 조각하여 놓았다. 못가에 다섯 효자의 이력을 간략하게 소개한 안내판이 있다. 다섯 효자의 사적에 대하여는 『원행록』이라는 책자가 있다. 안내판의 내용에다 『원행록』의 기록을 약간 보태어 본다.

    제1대 효행 김시사金是泗: 1664년 5월 15일생. 자는 희도希道.

개실마을 서편 산기슭에 효자를 위해 잉어가 나왔다는 전설이 전하는 잉어배미

호는 매암梅庵. 나서 아홉 살에 부친의 상고를 당하여 한 개의 표주박과 한 개의 숟가락을 따로 두고 물 마시고 죽을 먹으며 다른 용도로 사용하지 않았다. 모친의 병환에는 종기를 빨아서 차도를 얻은 다음 여섯 달이 지나도록 화롯불에 약을 달이면서 눈을 붙이지 아니했다. 혹 잠이 오면 알몸으로 차가운 벽을 등지고 앉아 졸음을 막았다. 상고를 당하자 설움으로 몸이 쇠하고 병이 되어 담제를 겨우 마치고 1705년 9월 22일에 별세하셨다. 이 효행이 조정에 알려져서 지평持平의 증직이 내렸다.

제2대 효행 김선명金善鳴: 1691년 2월 16일생. 자는 문원聞遠. 호는 연한당燕閒堂. 모친을 섬김에 정성이 지극하여 밖에 일이 있을 때가 아니면 집을 떠나지 않았다. 상고를 당해서는 울음이 입에서 그치지 않았고, 날마다 반드시 묘소에 올라가서 절을 하니, 무릎을 꿇는 곳에 풀이 자라지 못하였다. 늙어서 거처하는 집의 현판을 모헌

慕軒이라 하였으며, 이로써 종신토록 부모를 사모하였다.

제3대 효행 김문정金文丁: 1717년 11월 11일생. 자는 몽서夢瑞. 호는 죽헌竹軒. 모친이 병환 중에 꿩고기 산적을 바라니 꿩이 스스로 주방으로 날아들었고, 또 잉어회를 바라니 잉어가 갑자기 작은 못에서 튀어나와 사람들이 그 못을 이출지라 하였다. 묘소에 어막을 치고 거처하면서 삼 년간 죽만 마시며 날마다 묘에 절을 하였고, 상기를 마치고 나서도 오히려 그치지 아니하니 자연히 오고 가는 오솔길이 생겼다. 나무꾼과 목동들이 서로 경계하며 이는 효자의 길이니 감히 밟을 수 없다고 하였다.

제4대 효행 김경복金敬福: 1736년 5월 18일생. 자는 향지享之. 어릴 때 부친의 병환에 약을 달이니, 부친이 그 어린것을 민망히 여겨 다른 사람을 대신 시키려 하면 "자식이 마땅히 해야 할 일을 어찌 남에게 맡기겠습니까?"라고 하였다. 부모님을 모시는 데 온갖 고생스런 일을 몸소 행함에 친구들이 이로 인하여 학문을 이루지 못할까 걱정하니, 말하기를 "산에서 나무하고 물에서 고기 잡아 위로 서글픈 기색이 없고 아래로 안타까운 탄식이 없이 온 집안이 화목하여 즐거워하면 이것이 큰 학문이 아니겠는가?"라고 하였다. 모친의 병환에 손가락을 베어 피를 흘려 넣어 닷새를 더 연명하게 하였다.

제5대 효행 김치정金致精: 1767년생. 자는 자익子益. 호는 지수 芝叟. 부친의 병환에 대변을 맛보아 차도와 위급을 시험하였고, 상고를 당하여서는 묘소에 여막을 치고 지키니 범이 길을 인도하고 꿩과 기러기가 길들어 여막 곁에서 날아다니는 이적이 있어 관에서 쌀을 내렸으나 받지 않았다.

돌이켜 보면「화산재소기」에 이르기를, 이 건물의 본디 당호는 백원당百源堂이라 하고, 문의 이름을 도생문道生門이라 하였다고 한다. 이는 대청에 걸려 있던 석류헌 현판과 마찬가지로 효행을 칭송한 말들이다. 효를 온갖 행실의 근원이라 하거니와,『시경』에 이르기를 "효자가 끊어지지 않아 영원히 너희에게 복을 주리라"(孝子不匱, 永錫爾類)라고 하였고,『효경』에 이르기를 "무릇 효는 도가 생겨나는 곳"(夫孝道之所由生也)이라고 하지 않았던가!『소학』을 학문의 강령으로 가르쳤던 야은 길재와 강호 김숙자의 학문 방침이 점필재에게서 크게 발휘되어 우리나라 도학의 연원을 열었는데,『소학』의 가르침은 '명륜明倫' 한 단어에서 벗어나지 아니하고, 명륜은 곧 효도에서 시작되는 것이고 보면, 개실의 오효는 점필재 문충공의 후손다운 가풍家風의 진수이다.

오효의 행적을 기록한『원행록』에는 연한당이 종손이었던

그 종형 상위당相違堂 세명世鳴을 위하여 지은 장편의 만장이 한 수 있다. 그 가운데 이런 내용이 있다.

대현의 댁에서 태어나시어	生挺大賢宅
동자 나이에 이미 노성하셨지요.	童年已老成
제사는 옛 예법을 준수하고	蒸嘗遵舊禮
효도와 우애는 집안의 명성.	孝友襲家聲
만년에 숨어 수양한 곳이	晚歲藏修地
가야동 밝은 골짜기였지요.	伽倻洞壑明
거문고 서책을 종일 즐기고	琴書終日樂
영화와 명리는 뜬구름으로 여겼지요.	榮利片雲輕
저는 가르침만 받았으니	不佞便承誨
나이가 열 살이 적었지요.	行年少一庚
고맙게도 공의 돈목한 정의는	感公敦睦誼
저의 고단함을 가련히 여기셨지요.	憐我單孤惸
다니실 때마다 뒤를 따르면	杖屨長隨後
반드시 정성 다해 이끌어 주셨지요.	提撕必盡誠
꽃을 찾아 발걸음 나란히 다녔고	訪花聯步屧
달 뜨면 술잔 불러 시 읊었지요.	得月喚吟觥

열다섯에 아버지를 여읜 연한당이 열 살 위인 종형이자 종손

인 세명의 우애와 보살핌 속에 시례詩禮의 가르침을 받고 형제간에 서로 따라다니던 그리움이 녹아 있다. 이로써 한 집안 다섯 효자의 효성은 또한 그 위 다섯 형제의 돈독한 우애로 인하여 배태되었음을 알 수 있다.

5. 개화산에 올라

나는 내킨 김에 개실 뒷산의 개화산을 올라가 보았다. 종택의 동쪽에 있는 모졸재 재실의 동편 담을 왼쪽으로 끼고 능선을 오르면, 그 오른편으로 열린 작은 골짜기의 동편이 곧 문충공의 후손이 처음 이 골짜기에 들어와 집을 지었다는 묵은 터이다. 산길을 따라 올라가면, 얼마 전에 별세한 종손 김병식의 새로 지은 봉분이 나타나고, 그 위로 계속하여 역대 종손의 산소가 띄엄띄엄 나타난다. 능선의 정상부에 도달하여 오른편으로 고개를 돌리면 동향으로 앉은 정경부인貞敬夫人 문씨文氏의 묘소가 있다. 본디 야로의 동을산에 있었던 것을 1911년 10월에 이곳으로 옮겨 개장하고, 1918년에 14대 사손嗣孫인 선은 창현이 지은 비문을 새

거 비석을 세웠다. 연대를 보면 선은이 만주로 망명하기 전에 개장을 해 두었다가, 만주의 무순撫順에서 죽음을 맞이하기 전에 비문을 지은 것인 듯하다. 비문에는 점필재의 도덕 학문을 논하고 마지막에 봉제사를 엄중하게 실행하고 위엄을 부리지 않아도 가정 안이 숙연하였던 부인의 현숙한 덕성을 간략하게 언급한 다음, 명에다 이렇게 새겼다.

하늘의 명이 있으니	維天有命
암말의 곧음이로다.	牝馬之貞
지극히 부드럽고 순종하여	至柔至順
경건함으로써 바깥이 단정하였네.	方外以敬
군자의 좋은 짝은	君子好逑
관저 시의 곧음이로다.	關雎之貞
이루고 마치나니	成之終之
경건함으로써 안을 바로하였네.	直内以敬

글의 내용은 정경부인 남평문씨의 유순한 덕성을 찬미한 것이나, 내 생각으로는 종국宗國이 망하는 비운을 당하여 나라를 떠나 망명한 사람이 두 개의 정貞과 두 개의 경敬 자에 올곧은 마음으로 지조를 굳게 지켜 말없이 천운이 되돌아오기를 끝까지 기다

린다는 뜻을 담아 놓은 듯하다.

내가 이런 생각을 가지는 것은 선은의 일에 대하여 특별한 감회가 있기 때문이다. 문충공 14대 종손 선은 창현이 만주의 망명지에서 별세하자, 만주 안동현의 접리수接梨樹마을로 망명하여 있었던 대눌大訥 노상익盧相益의 아우 소눌小訥 노상직盧相稷은 만장을 지어 이렇게 애도하였다.

조선 땅 도학연원의 종손은	左海淵源胄
요동 땅에 망명한 관병의 무리.	遼河管邴儔
벼슬이 낮음에도 절개를 지켜	秩卑猶苦節
나라 망함에 수치 어찌 깊었더냐!	國破奈深羞

신안의 무덤에 풀이 묵었고	艸宿新安墓
접리수마을에 바람 싸늘한데	風凄梨樹邨
또 이제 공의 영구 돌아오니	又玆公櫬返
봉황성 집에 누가 찾아오리오?	鳳舍孰源源

소눌은 곧 개실의 오효의 고사가 서린 잉어배미의 전설과 관련하여 「이출지기鯉出池記」를 지은 바로 그 사람이다. 관병管邴은 중국 후한 말기에 북해 사람으로 난리를 피하여 요동에 은거하였던 관녕管寧과 병원邴原 두 사람을 가리킨다. 선은이 조국의 난리

를 피하여 요동 땅으로 은둔하여 관녕과 병원처럼 절개를 강직하게 지킨 것을 비유한 말이다. 또한 조선 말에 의병운동에 참여하다 합방 후 만주의 유하현柳河縣으로 망명하여 그곳에서 죽었던 송은松隱 안창제安昌濟 역시 네 수의 만장을 지어 선은을 애도하였다.

명현의 가정 안에 어진 후손 있었으니	名賢家裡是賢孫
충성과 효도에다 삼달존을 겸하였네.	忠孝又兼三達尊
원수의 돈을 물리치고 해외로 도망쳐	叱却讐金逋海外
죽도록 임금 은혜 저버리지 않았네.	終身不負報君恩

옛날 나의 형이 남방으로 유배될 때	吾兄昔日謫南時
권세 높고 흉악한 놈들이 죽이려 들었지.	權貴群凶欲殺之
풍조 따른 태학생들 얼마나 비루하더냐?	泮館隨風何卑陋
권당의 그 의리를 공께서는 지키셨지요.	捲堂其義我公持

일제의 조선 강제 합병 이후 총독부는 조선의 양반들을 회유 무마하기 위하여 이른바 일황日皇의 은사금이라는 명목의 금전을 각 도의 명망가들에게 내려 강제로 받게 하였는데, 많은 사람이 일제의 서슬 푸른 위세에 눌려 말없이 받아들였으나, 일부 사람들은 이에 끝까지 항거하여 혹은 자결하기도 하고, 혹은 해외로 망명하여 저항의 태도를 분명하게 드러내었다. 점필재의 종손

선은은 종국에 대한 의리를 지켜 은사금을 거절하다 강압에 견디지 못하여 만주로 망명하였다. 의령의 수파守坡 안효제安孝濟나 밀양의 대눌 노상익 역시 일제의 금전을 끝까지 거절하고 만주로 망명하였다. 송은은 수파의 아우이다. 수파는 동학농민운동 직전 전직 정언正言의 자격으로 당시 민비閔妃의 측근으로서 그 총애를 빌미로 매관매작의 온상이 되었던 무당 진령군眞靈君을 베라는 상소를 올렸다가, 간신히 죽을 고비를 넘기고 전라도 임자도로 유배된 적이 있었다. 그때 한쪽 당파로 기울어져 있었던 성균관 소속의 학생들마저 진령군을 옹호하면서 수파를 죽이라고 들고 일어나는 황당한 사태가 발생하기도 하였다. 이 시를 보면 선은은 당시 진사進士의 상사생上舍生으로서 이런 작태에 반대하여, 성균관을 비우는 권당捲堂의 집단행동을 감행하여 수파를 지지하였던 것이다. 그와 같이 매관매작의 모리배로 인하여 국정이 파탄함에 통탄하였고 외세의 압력에 왕국이 멸망함을 수치로 여겨 국외로 망명하였던 그런 인물이 선은이었다. 그랬기에 그 지조를 경건히 굳게 지키겠다는 각오의 저런 글을 남긴 것이 아니겠는가!

　문부인의 묘소에서 개화산의 능선을 따라 서편으로 조금 가면 정경부인 하산조씨의 단소가 있다. 조부인은 울진현령 조계문曺繼門의 딸이자 하빈河濱 이호신

李好信의 외손녀였는데, 모친이 일찍 별세하여 야로에 살았던 곽맹손의 처인 이모 이씨부인에게 양육을 받았다. 점필재에게 시집와서 31년을 살면서 세 아들을 낳았으나 모두 자손을 남기지 못하고 죽었다. 당초 김천의 미곡米谷에 묻혔으나 사화를 겪은 뒤에 묘소를 실전하였다. 개실에 사는 후손들이 그 묘소를 수소문하다가 찾지 못하고, 1978년 이곳에 제단을 만들어 추모한다고 한다.

조부인의 단소 뒤편으로 개화산의 정상에 오르는 길이 나 있

개화산 정상에서 본 용담 들. 점필재 후손들이 고령에 처음으로 들어와 정착했던 곳이다.
들 건너 산기슭에 송림리의 매림서원이 있다.

다. 개화산 정상에 도달하면 정상 바로 아래에 일선김공이지묘—
善金公𤱶之墓라고 새긴 비석이 서 있는 묘소가 있다. 바로 개실의
입향조인 수휘의 계후자 이𤱶의 묘소이다. 1977년 3월에 9대손
태인泰仁(1905~1979)이 세운 이 비석의 비문은 매우 간략한데, 부조
와 배위의 부조 및 그 소생의 5남 1녀를 기록하고 마지막에 "공
의 내외손이 모두 수백여 인"이라 하여 마쳤다. 개실마을은 실로
이분으로부터 번창하기 시작하였으니, 다른 말이 필요가 없었을
터이다.

　이 묘소 바로 뒤편에 국토지리정보원에서 설치한 '합천422'
라고 표시된 삼각점이 있는데, 그 뒤편으로 개화산의 십자봉 전
망대가 있다. 전망대에 올라서면 서북쪽 야로에서 흘러와서 동
쪽으로 흘러가는 야천 냇물을 끼고 용담 들이 넓게 펼쳐져 있는
것을 볼 수 있다. 전망대에는 점필재의 시 몇 편을 번역하여 소개
한 안내판이 있다. 점필재가 오십여 세 무렵에 그 초취부인 하산
조씨를 잃고 그리워하며 지은 「오월 보름달 구경」시와 함양군수
로 있을 적에 백성들의 부담을 덜기 위해 만들었던 관영 차밭의
시를 번역문과 함께 소개해 놓았다. 낮지만 시야가 탁 트인 이런
곳에 점필재의 따뜻하고 다정다감한 인간애와 목민관으로서의
간고한 민생에 대한 속 깊은 우려를 짐작할 수 있는 훌륭한 시를
감상할 수 있게 배려한 사람의 마음 씀씀이가 고맙다.

6. 점필재 시를 감상하며

그런데 가만히 살펴보니 관영 차밭을 읊은 시의 마지막 구절의 번역문이 "백성들의 염원을 이룰 수만 있다면, 곡식 농사 얽매일 필요가 있겠는가"(但令民療心頭肉 不要籠加粟粒芽)라고 되어 있다. 이 번역문대로라면 차밭을 잘 일구면 백성들의 소원도 이루고 곡식 농사를 짓지 않아도 된다는 말인 듯하다. 그러나 내 생각으로는 이 구절의 번역은 점필재의 민생에 대한 평소의 우려를 곡해한 듯하다. 심두육心頭肉은 그냥 염원이 아니라 가렴주구로 인하여 백성들이 겪는 심장 부근의 살을 도려내는 듯한 고통이다. 속립아粟粒芽는 곡식을 가리키는 말이 아니고 이제 막 돋아나는 좁쌀처럼 작은 찻잎으로 최고급의 차를 의미한다. 이 구절은 백성들의 심장 살을 도려내는 고통을 치유하게 하려는 것이지 결코 소쿠리마다 좁쌀 같은 최상급의 차를 생산하려는 의도가 아니라는, 차밭을 일군 본디의 의도를 밝힌 것이다. 점필재가 차밭을 운영한 것은 해마다 차를 진상물로 공납해야 하는 주민들의 부담을 덜어 주기 위해서였다. 고급 차가 생산되면 그것을 진상 받는 귀한 분들의 기호에는 좋기야 하겠지만, 그 기호를 충족시키기 위하여 백성들이 져야 할 부담은 그만큼 고통스러워지는 것을 알았던 것이다. 그러므로 점필재는 차밭을 경영하는 의도가 차를 공출해야 하는 백성들의 고통을 덜기 위해서이지, 최상급의 차를 요구하는 까다롭고 탐욕스런 기호에 영합하기 위해서가 아니라고 단언한 것이다. 이는 권력을 가진 자의 부질없는 탐욕에서 비롯하는 백성들의 고통을 한 푼이라도 덜어 주어야 한다는 점필재의 도학정신에서 우러나온 덕치의 이념의 발현이다. 훌륭한 시의 훌륭한 뜻이 손상된 것이 아쉽다.

여기에는 또 점필재가 16세 때 소과를 보러 서울에 갔다가 낙방하고 돌아오면서 한강 가의 나루터에 있었던 제천정濟川亭 정자에 적어 두었다고 전하는 시 한 편도 게시되어 있다. 역시 번역문의 일부가 내 생각과 맞지 않아서 새로 번역하여 읊어 본다.

눈 속의 매화와 비 온 뒤의 산은　　　雪裏寒梅雨後山
볼 때는 쉬워도 그리기는 어렵지.　　看時容易畫時難

요즘 사람 눈에 안 들 줄 알았거니 　　　　　 無知不入時人眼

어찌 연지를 잡고 모란을 그리랴? 　　　　　 寧把臙脂寫牧丹

　　점필재의 시는 사물의 형용이 선명하고 심상이 호젓하며 기개가 높은 데다 사람의 태만한 마음을 각성케 하는 책망과 격려의 경구가 들어 있다. 소년 시절의 시에는 더욱이 그런 기상이 숨김없이 팽배하고 있다는 정평이 나 있다. 이 시도 그러하다. 이 시에서 그는, 자신이 형용한 것은 눈 속의 매화처럼 고결하고 비 온 뒤의 산처럼 맑고 깨끗한 것인데, 지금 시속 사람들의 범상한 눈에 들지 않을 줄 이미 알고 있었지만, 그렇다고 하여 속된 안목에 맞추어 연지 곤지 찍어 영합하여 무슨 방법으로든 합격하고 보려는 못난 짓은 결코 하지 않겠다는 의연한 뜻을 명료하게 드러내었다. 얼마나 씩씩하고 고상한 기상이며, 대단한 신념과 자부가 도사리고 있는가!

　　그런데 요즈음 사람들 중에는 이 시의 뒷부분을 "일찍이 시속 사람 눈에 들지 않을 줄 알았다면, 차라리 연지 가져다 모란이나 그릴 걸"이라는 식으로 번역하는 이가 더러 보인다. 여기 안내판에도 "차라리 연지 가져다 모란이나 그려야겠네"라고 해 놓았다. 가정법이 아닌 문맥을 가정법으로 번역하는 것도 잘못이거니와, 이런 식으로 번역하고 보면 본디 시에 함축되어 있었던 시속에 영합하지 않겠다는 소년의 고고한 자부와 지조는 사라져

버리고, 과거에 낙방한 사람의 평범한 불평이나 자조 이상의 무엇은 찾아볼 수 없게 된다. 거기에 무슨 사람들을 감동시킬 만한 기발한 시상과 기개가 있겠는가? 마지막 구절의 '녕寧' 자는 '차라리'라는 의미로 번역되는 경우가 있지만, 이 경우에는 반어의 의미를 가지는 의문사로 번역되어야 옳고, 그런 사례는 점필재의 시문에 자주 나온다. 청소년 시절의 시집인 『회당고』를 찬찬히 읽어 보라. 소년 점필재는 과거시험에 낙방하였다고 하여 결코 '차라리 모란이나 그렸으면 과거시험에 합격했을 것'이라고 후회하거나 자조할 사람이 아니었다. 미리 짐작한 바와 같이 속인들의 낮은 안목 때문에 낙방하기는 하였지만, 자신의 지조를 굽혀서 세속에 영합하지는 않겠다는 꼿꼿하고 옹골찬 의지가 이 시의 가장 정채로운 부분이고, 이 부분을 거꾸로 해석해서는 이 시의 눈동자가 사라져 정채를 잃어버리고 만다.

돌이켜 보면 점필재의 시문을 이해하는 시각의 차이는 이 정도에 그치지 않는 듯하다. 그중에 가장 혹심한 것이 「조의제문弔義帝文」이다. 「조의제문」은 불의를 눈감아 버리지 못하는 점필재가 『통감강목通鑑綱目』을 읽고 있었던 소년 시절의 기개를 잘 발휘한 훌륭한 글로, "10월에 서초패왕西楚覇王이 강 가운데서 의제義帝를 시해했다"라고 기록된 『강목』의 한 구절을 읽고는 의제의 죽음을 애도하고 그 시해를 격렬한 어조로 통탄하였다. 서초패왕 항우項羽가 의제를 10월에 강 가운데서 시해하였다는 것은

『통감강목』에 기록된 사실이고, 점필재의 사후에 그 문도들이 그 글은 읽어 보고는 '충분忠憤이 격렬하다'고 하였던 것도 사실이다. 그러나 「조의제문」을 단종이 살해되었다고 전하는 세조 '정축년 10월'에 지었다는 것은 무오사화를 일으킨 자들이 조작한 기록이지 사실이 아니라는 것이 나의 생각이다.

무오사화가 일어나 이 일을 논할 때 유자광이 간여하여 연산군의 전지傳旨에 '정축년 10월 일'이라는 말을 명시하여 붙여 놓기 전까지, 「조의제문」을 사초에 실었던 탁영 김일손과 수헌 권오복은 물론, 예전에 그 글을 읽었던 문도와 사화 당시의 국청에 참여하였던 권신들조차도 이르기를 "「조의제문」을 읽었지만 김일손이 '충분을 붙였다'는 말이 없었다면 진실로 해독하기 어려웠다"라고 하였다. 그러니 김일손도 그 글이 정축년 10월에 기록된 것이라고 한 적이 없고, 유자광의 분석이 나오기 전까지는 「조의제문」을 읽고서도 그 글이 단종의 죽음과 관련되었다고 생각한 사람은 없었던 것이다. 그 글에 '정축년 10월'이라 명시되어 있었다면, 당시 조정에 벼슬하고 있는 사람이라면 당연히 정축년 10월에 어린 나이로 죽은 단종을 연관하지 않을 수 없었을 터인데, 어찌하여 '그 글의 뜻이 깊어 의도를 알 수 없었다'고들 하였겠는가? 심문을 받는 자가 회피하기 위하여 혹 그런 말을 하였다 하더라도, 추관들이 그 날짜를 들어 진실 여부를 다그쳐 추궁하였다는 흔적도 전혀 없다. 그러니 당초부터 「조의제문」에는

'정축년'이란 말이 없었던 것이다.

9년이 지난 1507년(중종 2) 2월 경연에서 반정의 주역인 영경연사 성희안成希顔은, 무오년의 일을 아는 사람은 자신과 유자광뿐이라고 하면서 말하기를, "김종직이 유생儒生으로 있을 때 지은 「조의제문」의 본의가 무엇인지를 모르겠으나, 김일손 등이 그것을 부연하였습니다"라고 하였다. 유생은 관직을 가지지 아니한 학생을 가리키는 말이다. 무오사화가 시작되어 심문을 시작할 때 탁영濯纓 김일손金馹孫도 말하기를 "종직이 아직 석갈釋褐하지 않았을 적에 일찍이 꿈에 감응이 있어 「조의제문」을 지어 충분을 붙였다"라고 하였다. 석갈은 본디 평민의 옷을 벗고 관직에 나가는 것을 의미하나 또한 대과大科에 급제하는 것을 일컫는 말로도 널리 쓰이니, 이는 대과에 급제하기 이전이라는 말로서, 사리가 명백하고 올곧은 탁영 역시 「조의제문」의 창작 시기가 정축년 10월이라는 말은 하지 않았던 것이다.

점필재는 나이 20세에 이미 영산향교의 교도敎導로서 관직을 수행하였고, 그 뒤 진사에 합격하고 나서 다시 문과에 급제했을 때의 신분도 교도였다. 그러니 이런 말들은, 점필재가 「조의제문」을 지은 것은 그의 나이 열다섯이었던 1445년(세종 27)부터 교도가 되기 전인 1449년(세종 31) 사이이거나, 아무리 늦어도 1459년(세조 5) 대과에 급제하기 이전이라는 것이지, '정축년 10월'에 지었다는 말은 아닌 것이다. 점필재의 손자 박재도 점필재 연보를 작성하면서 「조의제문」이 작성된 시기를 "정축 10월 일 운운" 한 것은 잘못이라고 한 바 있다. 박재는 점필재가 부친 상중에 출입하였을 리가 없기 때문에 그때 「조의제문」을 지었을 리가 없다고 한 것인데, 상중에 출입하였는지의 여부는 논란의 여지가 있지만 「조의제문」의 작성 시기에 대하여는 이의를 분명하게 제기하였던 것이다. 박재는 실록에 기재된 사화의 전말을 자세히 검토할 수는 없었겠지만, 사화가 일어난 시기로부터 그다지 오래되지 않았기에 전하는 말은 들었을 터이다.

실제로 점필재가 그 선공의 3년상을 끝낼 무렵인 1458년(세조 4) 3월 전후에 기록하여 뒤에 한 번도 수정하지 않았다고 한 『이준록』의 「선공기사」에, 단종端宗 재위 시대를 노산조魯山朝라 하고 세조世祖를 금상今上이라 하면서도 노산군魯山君을 '상왕上王'이라 일컬은 곳이 있다. 상왕은 전왕과 지금의 왕이 함께 생존해 있을 때 전왕을 지칭하여 사용하는 말로, 『세조실록』에 단종을 상왕이라 일컫는 말은 1457년 10월 23일 이후로 나타나지 않는다. 그렇다면 이는 점필재가 「선공기사」를 서술할 무렵 서너 달 전에 노산군이 이미 죽었다는 사실을 몰랐다는 증거이다. 상왕이 죽은 줄 몰랐는데 그 시기에 어떻게 점필재가 노산군의 죽음에 빗대어 글을 지을 수 있겠는가?

점필재의 「조의제문」을 두고 노산군의 죽음에 견주어 지었다고 하는 주장은 무오사화를 배후에서 조종한 유자광이 김종직을 역적으로 몰기 위해 억지로 끌어 붙여 설명하면서부터 시작되었다. 무오사화 당시 국청에 참여한 대신들조차도 모두 유자광의 설명에도 불구하고 당초에는 「조의제문」이 단종의 죽음과 관련된 것이라고 단정하지 않았다. 그런데 『연산군일기』의 1498년 7월 17일조에 유자광의 억지 해석대로 「조의제문」을 논한 연산군의 전지가 하달된 이후로, 점필재와 그 문도들을 달갑잖게 생각하였던 일부 사람들은 유자광이 지목한 대로 그 글이 단종의 죽음에 빗댄 것인 양 동조하였고, 일부는 또한 대역大逆의 옥사로 몰고 가는 서슬 푸른 국청의 위세 아래 명철보신으로 입을 다물었다. 점필재의 「조의제문」이 본디 『통감강목』에 기록된 의제의 비극을 애도한 것이었으니 점필재 사후 문집에 실린 그 글을 보고 충분이 가득하다고 흠모하여 사초에 실었던 김일손, 권오복權五福, 권경유權景裕 등 기개 높은 젊은 후학들이야 당연히 소신을 굽힐 리가 없었을 터이나, 성종의 신임을 받다가 6년 전에 이미 죽은 점필재가 거의 반백 년 전에 지은 글을 놓고 대역과 불신不臣을 논하여 점필재를 추종한 강직한 젊은 사류들을 일거에 묶어 처단하려 한 음험한 모략이 가증스럽지 아니한가! 그럼에도 국사에 엄연히 기록된 열성조列聖朝의 사적을 함부로 시비하지 못하고, 여러 기록과 정보를 자세히 검색하여 대조하기가 쉽지 않았던 조선왕조시대의 일부 학자들이 혹 그것을 사실로 여겨 논한 것이야 그럴 만한 이유가 있다 하더라도, 온갖 정보가 만천하에

공개되어 있는 오늘날에 와서도 그것을 실제의 사실인 것처럼 논하는 사람들이 많으니, 이제 시비를 어떻게 가릴 것인가?

나는 이것이 안타깝다. 세상에 사람의 참다운 선행을 함께 기뻐하여 칭찬하는 사람은 드물고, 흠 없는 곳에서 흠을 찾아 흠집을 내는 것을 정직함이라고 여기는 이들이 많은 것은 예나 지금이나 다름없으니, 내 얕은 소견으로 아무리 따져 보아도 신빙성이 없는 터무니없는 그 이야기들은 앞으로도 여전히 반복될 것이기에, 가슴이 답답하다. 결코 진실일 수 없는 이야기가 진실을 압도할 수도 있다는 이 엄연한 현실을 내가 어떻게 할 수 있겠는가?

7. 도적굴과 물푸레나무

한참 상념에 잠기다가 서편의 노태산 연봉으로 해가 기울고 용담 들 건너 송림리의 매림서원이 산그늘에 어두워지는 것을 보고, 십자봉 전망대를 떠나 서편 능선을 따라 산길을 걸어가니, 도적굴로 가는 안내판이 나온다. 안내판에 적힌 사연은 예전에 명암 노인에게서 들었던 간략한 전설과는 약간의 차이가 있다.

1651년 점필재 선생 5대손 김수휘 호 남계공이 용담에서 임진 란을 겪은 뒤 이곳 가곡佳谷에 정착하여 살고 있을 때, 어느 날 밤 꿈속에 의적이라 자칭하는 자가 찾아와서 넌지시 절을 하 며 말하기를, "나으리, 선대에 사화史禍를 당한 후 임진란을 겪으면서 인고의 세월이 얼마십니까? 저희들이 수탈하여 감추어 놓은 금화가 뒷산 서쪽 굴 속에 있으니, 나으리 가문에 요긴하게 써 주시면 저희들은 개과천선하여 양민良民으로 돌아가 열심히 살겠습니다" 하고 홀연히 사라졌다. 놀라 잠을 깬 남계공이 하인을 시켜 가 보도록 하니, 대밭들 서쪽 산에서 굴을 발견하여 금화를 찾았다. 이 사실을 관아에 고하였고, 그

개실 뒷산의 도적굴
문충공 후손의 개실 정착 설화가 전하는 곳이다.

이후부터 이 굴을 도적굴이라 부르게 되었다.

이 설화가 사실이든 아니든 적어도 두세 가지 생각을 하게 한다. 하나는 500여 년 전 임진왜란으로 조선의 온 국토가 왜적의 서슬 푸른 도륙과 약탈에 시달렸을 때, 산으로 피난한 사람들이 더러 재물을 굴에 숨기는 일이 있을 법하다는 점이다. 또 하나

는 임진란을 겪은 이후 개실에 들어온 점필재 후손들은 아직까지 그 자손이 그다지 많지 않았으므로 새로 들어온 동네에서 이미 이곳에 거주하고 있었던 선주민들에 비하여 열세였을 터이나, 점 필재와 여러모로 연관이 많았던 이 지역의 인연과 점필재 후손이 라는 후광 때문에 여러 경로로 조력해 주는 사람들이 있었으리라 는 점이다.

도적굴의 설명문 아래에 "도적굴 안은 위험하오니 밖에서만 구경할 수 있습니다"라는 안내문이 있었다. 과연 산 능선 중간에 바위 절벽이 중첩되어 있는 곳 아래로 약간 꺼진 곳에 허리를 굽 히고 들어갈 수 있을 정도의 굴 입구가 나오는데, 입구부터 너댓 자 정도의 깊이로 함몰되어 있어서 섣불리 들어서기에는 위험한 곳이다. 불빛을 비추어 보니 안쪽은 사람이 서서 걸을 수 있을 정 도로 상당히 넓었다. 앞서 명암 노인이 "도둑골에서 글을 읽어 출세한 사람이 많다"라고 하였는데, 엊그제 하루 종일 비가 내렸 는데도 굴 안쪽이 건조한 것으로 보아 혹 조용한 곳을 찾아 수양 하는 사람이 거처하며 지낼 법도 하였다.

도적굴을 둘러보고 산마루로 넘어가는 햇살을 뒤로 하며 개 실마을 서편 대밭골 능선을 타고 내려오다가, 나는 물푸레나무를 보았다. 키가 크거나 숲을 이룰 정도는 아니었으나 제법 군락을 지은 물푸레나무가 초록 잎이 펼쳐진 가지 끝에 이제 막 솜사탕 처럼 흰 꽃을 피우고 있었다. 점필재가 밀양 한골의 고향 집 대나무 울타리 가에 있었다고 한 그 물푸레나무가, 그 동네에서는 찾아볼 수 없었던 그 물푸레나무가, 여기 이곳에는 이렇게 쉽게 볼 수 있는 곳에 무리지어 있다니! 물푸레나무 하얀 꽃을 잡고 점필재 청소년 시절 시집인 『회당고』의 초록을 들추어 그 시를 읊어 본다.

물푸레나무 무성하게 대사립을 덮어	梣樹童童護竹扉
푸른 연기 솜꽃 덮어 저물면 새가 깃드는데,	靑烟綿羃暝禽歸
딱지 굳은 껍질은 눈병을 고치려 발라내고	瘢胝皮剝人醫眼
구불텅 굽은 가지는 말고삐 매어 모지라졌네.	拳曲枝殘馬繫鞿
두보가 심은 오리나무 어찌 빌려 오리?	工部檀栽寧乞丐
공부시랑 가래나무 다시 어슴푸레 하구나.	侍郞楸樹更依俙
내 눈의 백태를 네 힘에 기대 치료하나니	洗吾白瞖方資汝
지금의 세상길은 기미가 놀라웁기에.	世路如今足駭機

울타리 가에 무성하게 자라 사물을 덮어 주는 물푸레나무가 초여름 꽃이 피어 나무 위를 목화송이 같이 하얗게 덮으면 그것만으로도 사랑스럽고 운치가 있는데, 사람들은 눈병을 고친다고 물푸레나무 껍질을 벗겨 내고, 또 사람들이 무심코 말고삐를 매다 보면 본디 곧게 뻗는 물푸레나무의 가지도 모지라지고 굽어지고 뒤틀리기 마련이다.

개실 뒷산 하산 길에 만난 물푸레나무. 이제 막 솜사탕 같은 꽃을 피우고 있었다.

당나라 때 시인 공부원외랑工部員外郎 두보杜甫가 초당을 짓고 지은 「당성堂成」 시에 "빨리 자라는 오리나무를 심어 그늘을 만든다"는 말이 있고, 또 "물가의 가래나무 향기로운 꽃이 막 필 적에, 차라리 취한 가운데 꽃이 다 떨어지도록 할지언정 비바람이 쳐서 꽃잎을 다 떨어뜨리는 것을 어찌 차마 볼 수야 있겠는가"

하며 탄식한 말이 있다. 두보의 시처럼 일부러 오리나무를 심을 필요도 없이 저절로 자라 무성한 그늘을 드리우는 물푸레나무가 사랑스러운데, 다만 두보가 향기로운 가래나무 꽃을 아까워하였듯이 물푸레나무의 꽃도 아름답지만 무심한 사람들의 손길에 긁히고 모지라지는 것을 그냥 보고만 있어야 하는 것이 안타깝다는 말이다. 그러면서 마지막으로 물푸레나무의 약효에 기대어 눈병을 치료하고 있다 보니, 눈으로 보이는 세상의 현실이 도리어 예측할 수 없이 놀랍다는 한탄으로 마쳤다.

이 시는 음미하면 할수록 묘한 느낌이 든다. 내가 억지로 천착하여 분석하는 것이 다른 사람의 견해에 꼭 부합하지는 않겠지만, 내 생각을 말하자면 이렇다. 세상의 혹독한 더위를 덮어 주는 물푸레나무의 공덕과 제 몸을 바쳐 사람을 구제하는 물푸레나무의 헌신은 도덕 높은 군자의 상징이다. 그런 도덕 높은 군자가 비록 세파에 시달리는 현실이 안타깝기는 하지만, 그래도 군자의 높은 식견으로 예측할 수 없는 세상을 바로 보게 됨이 다행이다. 대충 이런 생각이 떠오른다. 이렇게 보면 소년 시절의 점필재가 사랑스럽게 바라보았던 고향 집 울타리의 물푸레나무는 어쩌면 점필재 자신과 닮았을지도 모른다. 그렇기에 개실 뒷산의 하산 길에 만난 물푸레나무가 더 반가운 것이다.

제5장 **종손과 종부**

1. 종손과 종부

　　종손 김병식은 자가 명부明夫이고 아호가 정재靜齋이다. 그는
나이 열다섯 살이었던 1947년 9월에 부친상을 당하고, 그 이듬해
1948년 12월에 조부상을 당하여, 부친의 3년상과 조부의 승중상
을 한꺼번에 치르고 문충공 제17대 종손이 되었다.

　　그는 나이 세 살 때부터 어머니 품을 벗어나 사랑으로 나와
서 66세 연장인 할아버지와 함께 기거하며 자랐다. 그의 할아버
지 우헌愚軒 김태진金泰鎭은 당신의 부친 선은鮮隱 김창현金昌鉉이
1910년 국치 때 이른바 일제의 은사금을 거절하고 망복罔僕의 의
리를 지켜 만주로 망명하여 그곳에서 별세할 때부터 종가를 지켜
온 분이었다. 김병식은 그 할아버지가 계시는 사랑에 나와 자면

서 할아버지에게서 받은 가정교육을 '밥상머리 교육'이라 하여 매우 강조하였다. 그는 할아버지로부터 고조부 묵와默窩 준호이 철종 때 장원급제하였으나 29세의 나이로 돌아가신 일이나, 그 증조부 선은이 만주의 무순에서 돌아가시어 고향으로 반장하였던 이야기를 들으며, 종손으로서의 기개와 자부심을 배웠다.

> 내 고조부님이 알성급제 하셨거든. 스물여덟 살에 대과하시고 스물아홉에 돌아가셨거든. 그 어른이 육십 살까지만 수했어도 우리의 판도가 달라졌을 게야. 이 어른이 남매 분을 두셨어. 내 증조부님이 독신인데, 합병되는 걸 보고 만주로 망명을 하셨어.

2010년 9월 추석을 지내고 개실의 종택을 찾아갔을 때 종손 김병식은 병원에 입원하고 없었다. 그는 해방 직후 어수선한 시대에 열다섯 어린 나이로 종가의 막중한 책임을 맡아 격변하는 세태를 견뎌 왔다. 종손에게 묻고 듣고 싶은 말이 많으나 그가 병석에 누웠으니 아쉬울 수밖에 없다. 차종손 진규에게 그 부모님에 대하여 물었다.

> 부모님은 어떤 분이셨는지요? 종손 종부님의 성품과 부모님으로서 본받을 점을 말씀해 주세요.

어려운 이야긴데, 대개 안타깝지요. 왜 안타까우냐 하면, 지금 두 분 다 병원에 계신데, 정말 아버지 열다섯에 저한테 조부가 돌아가시고, 열여섯에 증조부가 돌아가시고, 아버지 열다섯 때 어머니 열일곱 살에 결혼을 하셨습니다. 상중에 어머니께서 시집을 오셨는데, 열일곱 살에. 그때부터 시집을 오서 가지고, 그렇다고 집에 정말 굉장히 어렵게 사셨지요. 되돌아본다면 제게는 안타깝다는 생각밖에 안 들어요. 정말 뭐 종손의 위치만 아니었다면 훨씬 더 잘되셨을 건데, 이런 생각이 들고, 또 반대로 뵈면 답답할 때도 많고 미울 때도 많고, 뭐 자식 된 입장에서 그런 게 많지 않겠습니까? 그런데 부모님을 뵈면, 저도 되돌아본다면 과연 내가 다시 돌아와서 산다면 저렇게 할 수 있겠느냐. 부모님이 어떤 분이냐를 떠나서 정말 그 어린 나이에, 제 증조부 같으신 경우는 백일장百日葬을 내셨다고 그러는데, 그런 분들께서 그거를 다 쳤다는 자체가 지금 생각하면 정말 대단한 이야기지요.

차종손의 입장에서 보면, 종손 김병식의 일생이 안타까울 것은 당연하다. 김병식은 예전에 어떤 물음에 "종손 안 됐으면 뭐 했겠다 그런 거 생각해 본 예가 없어요"라고 대답했다고 한다. 중학교 2학년을 다니던 열다섯 살에 부친상과 조부상을 치르면서부터 종손으로서의 역할을 감당해 왔던 그가, 종손이 아니었다

문충공 17대 종손 김병식 부부와 세 아들 및 며느리와 손자 손녀들
종손과 종부가 병환으로 병석에 눕기 전의 모습이다.

면 훨씬 더 잘 되었을 것이라는 생각이 어찌 없었겠는가? 차종손
의 안타까움은 이런 것이다.

　　그런데 김병식은 또한 "우리는 그저 종손 안 됐으면 뭐 했겠
다 그런 거 생각해 본 예가 없어. 나는 항상 종손이다 하는 그밖
에 생각해 본 예가 없어"라고 한 적이 있다. 소년 시절부터 지금

까지 60여 년을 종손으로 살아온 그에게 사실 다른 선택의 여지도 없었을 터이다. 그는 종손으로서의 자부심과 책임감을 놓지 않았다. 그는 한국전쟁과 그 이후에 일어난 갖가지 급격한 시대 조류의 변화를 겪으면서 새마을지도자, 농협단위조합장 직무대행, 경상북도 교육위원 등을 역임하였지만, 그는 항상 종가를 떠나지 않았고 그의 가장 중요한 신분은 문충공파의 종손이었다. 그런 종손에 대하여 종손의 족숙이자 이 동네의 문장으로 종손보다 세 살 연장인 김기수 노인은 칭찬과 걱정이 자자했다.

우리 종손이 지금 참 병환으로 병원에 가 계시지만, 그 당시 참 썩 잘살지 않은 사람들도 대학까지 갔거든. 그때 촌에서도. 그러나 우리 종손은 그런 형편이 못 돼 가지고 못 가고 집에서 한학을 했습니다. 조부 밑에서. 우리 종손이 바로 위에 부친이 일찍 돌아가셨기 때문에 조부 밑에서 자랐습니다. 조부 밑에서 참 종손으로서 앞으로 해야 될 일을, 그런 거를 가정교육을 받고 했는데, 아주 엄하게 받았습니다. 종손카면 우리는 자부를 합니다. 점필재 종손카면 그래도 어디 가도 제자리가 있는 그러한 위치가 아닙니까. 그 사람은 남의 집 종손으로서 갖추어야 될 그런 사회적인 인품이라든지 다 갖춘 사람이라. 공부는 많이 못해도. 그래도 사회적으로 관직은 크게는 안 있어도 교육위원을 했거든요. 도 교육위원을 했습니다. 그러니 그 사람은 또 재주가 있어요. 아주 머리가 좋아 가지고 한 번 들은 거는 잘 잊어버리지 않애요. 전화라도 그 수첩 적어 가지고 하는 일이 잘 없어요. 만약 공부라도 남과 같이 대학이나 하고 이랬으면 이 사람 아주 큰 인물이 될 그러한 자격이 있어요. 그러나 이 사람은 남의 문중 대소사나 우리 유림에 관한 지식이 아주 풍부합니다. 어데 가도 과연 점필재 종손답다 카는 이러한 호칭을 받고 있지요. 지금 올해 연세가 칠십 여덟입니다. 계유생입니다. 어째 몸이 안돼 가지고 지금, 추석에도 병원에 휴가 받아 가지고 열나흘 날 나왔다가 보름 쉬고, 병원에서 조상 제사도 못 받들고 카는데, 못 있어 가지고 그만한 정신 가지고 휴가를 받아 가지고 있다가 갔습니다. 내외분이 다 한 병원에 있어요. 그래 지금 이 사람은 서울에서 사업을 한다고 하고 있는데, 내외가 내려와 가지고 참 오늘이 점필재 기일인데. 참 뭐 가정적으로 애를 묵지요. 지금 차종부 차종손이나 애를 묵고, 또 참 병환이 들어 가지고 병원에 입원해 있는 당사자는 마음적으로 더 애를 안 묵겠습니까. 물론 완쾌돼가 나오겠지요. 과연 그렇게 되기를 우리는 현재 빌고 있습니다. 이 사람은 객지서 사업을 하고 있거든요. 이 사람이 고향에 들앉아가 종손 노릇을 할 형편이 못 됩니다. 지금 현재 만약에 종손이 탈이 난다 카면은 이 종중 일이 낭팹니다.

농암聾巖 17대 종손 이성원 박사는 그가 쓴 책에서 종택의 요건을 요약하여 말한 적이 있다. 그는 이르기를, 훌륭한 조상과 그 조상을 모시는 사당과 종택, 종손과 종부, 그리고 종손 종부를 외곽에서 보호하는 지손들과 문중이 있어야 한다고 하였다. 바꾸어 말하자면 종손과 종부가 있음으로써 불천위의 훌륭한 조상과 그 조상을 모신 사당과 종택과 그 지손들을 포괄하는 문중이 하나의 원만한 유기체를 이룬다는 말이다. 당연한 말인 듯하지만, 이것이 종손과 종부의 존재 이유이고 그들에게 주어진 책무이다. 그래서 종손이 탈이 나면 종중 일이 낭패라고 한 것이다.

종손 김병식은 현풍 못골의 한훤당 후손 집에서 시집온 어머니 서흥김씨의 인자하면서 엄한 훈육을 추억하며 어머니를 두려워하였다고 하였다. 김병식의 부인도 같은 한훤당 후손으로 창녕 계팔의 서흥김씨이다. 명암 노인은 또 종부와 차종부를 칭찬한다.

우리 종부는 계팔 한훤당 후엡니다. 고부가 다 한훤당 후엡니다. 그래 시어마시는 못골 후에고 여는 계팔입니다. 못골하고 계팔하고 형제 집이거든. 다 가정교육을 충실히 받아 가지고 오신 분 아닙니까. 참 종부로서도 대현종부로서도 마땅하게 일을 잘 처리하시고 잘했는데, 지금 물론 차종부도 영주 선성 김씨 백암파의 천운정 종녀지요. 참 종부로서는 지금 젊은 세대로서 남의 종가로 오기가 어렵거든요. 잘 올라 안 캅니까.
남의 종가 일 많다고 잘 안 갑니다. 여 차종부는 아주 참 흰출
하고 나기도 잘 나시고, 일도 참 종부로서 참 멋지게 하는 그런
분입니다. 또 아이들도 잘 키워 딸도 고등학교서 대학에 드갔
어요. 대학 갈 나이도 아닌데, 월반해가 갔어요. 그만큼 재질
이 있어요.

김기수 노인의 종부와 차종부에 대한 칭찬은 그 내용이 실제
이기도 하지만, 그 가운데는 종가와 종가를 중심으로 유지되는
문중에 대한 염려가 녹아 있다. 두 세대 아래 차종부에 대한 깍듯
한 존중은 역시 종손과 종부에 대한 공경을 통하여 일족을 단합
한다는 경종수족敬宗收族의 종법을 준수한 말씀이다. 부모는 부모
노릇을 하고 자식은 자식 구실을 하며, 부부와 형제와 붕우와 이
웃과 국가 사이에 각기 제 할 도리를 다하는 것이 사람의 일이라
는 것은 공자·맹자 이래 유학자들이 변함없이 지켜 온 신념이
고, 제 부모를 사랑하고 제 형제를 사랑하는 마음을 키워, 그것으
로 이웃을 사랑하고, 그것으로 사회와 나라를 사랑하고, 인류의
화평을 도모할 수 있으리라는 것이 대종大宗 소종小宗의 종가를
세우는 종법의 이상이다. 조상을 받들고 일족을 모아 인류의 도
리를 돈독히 하는 것이 종손 종부의 일이니 그 일을 존중하지 않
을 수 없고, 그렇기에 그 사람이 소중한 것이다.

2. 변화와 계승

　　개실마을은 2001년 개실마을 가꾸기 사업 추진위원회를 결성하고 개발위원장 김병만을 비롯한 동네 사람들의 협력 아래 마을을 정비하여 경진대회에서 수상을 하였다. 그러므로 마을 안팎이 다른 동네에 비하여 훨씬 깔끔하게 잘 정돈되어 있다. 그러나 60여 호의 호구 중에 실제로 활동할 수 있는 사람은 많지 않다. 이는 오늘날 대부분의 농촌마을이 안고 있는 문제이지만, 종가에서는 더욱 곤란한 문제가 있다. 차종손과 김기수 노인이 주고받은 대화이다.

　　지금 현재 우리 동네 남자보다도 부인이 더 많습니다. 혼자

사는 집이 많아요. 지금 우리 동네 사람 케봤자 전부 뭐 병들어 눕은 사람까지 합체도 한 20명밖에 안 돼요. 그도 반틈은 환자제.

오늘 아침에도 한산에서 강호 선생 집에서 누가 돌아가셨다고 연락이 왔는데, 그래 서로가 통문을 주고 문상을 가고 하거든요. 오늘 아침에 할아버지께 "할아버지 한산에서 누가 돌아가셨다는데요" 하였더니, "내가 문상 가야지." "그 다리 편찮아서 어떻게 가실랍니꺼." 문상 갈 사람이 없어 노이, 진짜 답답어. 제가 굉장히 답답은 상황에 처해 있습니다.

그 어른이 돌아가셨다 카는데 문상을 누가 가도 가야 안 되겠습니까. 그런 데 나가 댕기는 거는 종손하고 나하고 둘이 다 녔거든. 종손 병원에 있제, 내 지금 아파서 걸음도 잘 못 걷는 그런 형편인데, 그래 내 마음에 내가 가야 안 되겠나 싶은데, 내가 가야 되는데 다리가 아파서. 안 그라면 갈 사람이 없어요. 동네에서 그런 데 출입해서 가서 인사를 닦을 사람이 없다니까.

거창의 남상면 대산리에는 추원당 재실이 있고 거기에 점필재의 부친 강호 김숙자의 부조묘가 있다. 한자어로 대산大山은 한

산이라 부르고, 동네 밖으로 흐르는 내를 한계寒溪라고 한다. 『일선김씨역대기년』에 의하면, 강호의 부조묘가 거창 남상면의 한산寒山(大山)에 있게 된 것은 사지당四止堂 연속이 이곳의 신창표씨新昌表氏에게 장가들었기 때문이라 하였다. 사지당은 점필재의 형종석의 둘째 아들이다.

점필재는 어릴 때부터 8세 연상인 형을 잘 따랐다. 형의 벗인 사숙재私淑齋 강희맹姜希孟(1424~1483)은 나중에 점필재의 어린 시절을 회상하며 "나는 어려서 백씨伯氏와 동학이었다네. 그대는 그때 아직 어렸는데, 우리들에게 흥덕사興德寺의 연못에 있는 연꽃을 따 달라고 졸랐지. 그래서 백씨와 의논하여 그 요구를 들어주기로 하다가 그만 주지스님의 꾸지람을 받고 말았지"라고 하였다.

부친 강호가 별세하기 직전에 대과에 급제하였던 형은 부친상을 마치고 점필재가 대과에 급제한 직후 아우와 함께 나란히 세조로부터 사가독서의 은전을 받았으나, 그 이듬해 3월에 성균직학의 직책을 끝으로 운명하고 말았다. 형의 병환에 지렁이즙이 좋다고 하자 먼저 맛을 보고 형에게 마시게 할 만큼 우의가 돈독하였던 점필재는, 형의 영구를 받들고 돌아와 장례를 치르고, 형의 두 아들 치緻와 연속을 거두어 가르쳐서 모두 진사가 되게 하였다. 형의 두 아들 중 연속이 거창에 들어와 살면서, 자연히 점필재의 부친 강호의 불천위 사당도 이곳에 건립되었던 것이다.

그런 만큼 점필재 이래 500여 년 동안 이어져 온 두 집안의 끈끈한 우애가 부러운 일이다. 그렇게 대를 건너 우의를 닦는 것은 종손이 감당해야 할 일이다. 그럼에도 종손이 병석에 누워 있는 데다 동네 안에는 밖으로 나다니며 인사를 닦을 사람이 갈수록 적어지니 안타까울 일이다. 이런 사정은 시대 변화와 경제 여건의 한계에 원인이 있다.

여기가 들이 풍부하고 이랬으면 많은 사람이 남아 있었을 거예요. 근데 자리를 잡을 때가 원래부터 옛날에 말씀하시기를 벼슬도 많이 안 나오고, 그런 쪽에 일부러 자리를 잡았기 때문에, 사람들 말이 들이 좁으니까 묵고 살게 없다고 나 나가신 거 겉애.

인자 우리 동네 자작일촌自作一村으로 조상대부터 지금까지 우리가 일가 참 집성촌으로 사는데, 여기 살다가 객지 간 사람이, 살라고 객지 간 사람이 많거든요. 지금도 현재 우리 세대는 다여 전부 못 살았습니다.

조상은 여 자리를 인제 잘 잡았다고 인자 여 잡았는데, 앞에는 접무봉이요 화개산이요 이래 가지고, 참 화심에다가 종택을 짓고 잘 산다고 살았는데, 지금 보면 자리를 잘못 잡았습니다.

허허허허, 할부지 잘 잡은 겁니다. 왜 잘 잡았냐 하면, 자리를 이래 도시 쪽에 잡았으면에, 벌써 팔고 다 떠났습니다. 사람들 없습니다. 아무도 없습니다. 6·25 때 우리 집 여기 인민군 본부를 했는데, 여기에 죽은 사람이 아무도 없습니다. 우리 동네 6·25전쟁 통에 저 송림 쪽에서 포를 쐈는데, 불탄 집이라고는 요 뒤에 서른 두 칸짜리 집인가, 거 한 채만 불탔지. 6·25 때여 죽은 사람이 아무도 없어요. 이 터가 좋은 거예요 사실. 죽은 사람이 없으이.

산으로 둘러싸인 개실마을 남쪽의 들을 살펴보면 대략 100여 호 남짓의 한 마을이 들어설 만한 정도의 전답이 펼쳐져 있다. 남쪽의 지릿재 고개 쪽으로 샛담과 아랫담, 중가곡 등 작은 마을이 협곡을 따라 들어서 있지만, 농사지어 생계를 영위할 만한 생리生理가 그리 유족한 편은 아니다. 김기수 노인이 전하는 이야기로는 개실마을 남쪽 대사동 골짜기 못 안쪽에 언젠가 200석 규모의 부자가 있었으나 그것도 골 밖의 전답 소출로 계산한 것이라고 한다. 그러니 한정된 농토로는 불어난 자손들의 생계를 감당할 수 없기에 밖으로 나갈 수밖에 없었을 터이다. 더구나 시대가 변하여 농토만으로는 문화생활을 유지하기 어려운 현실에 있어서랴!

아무리 좋은 터라고 하지만, 젊은 사람은 도시로 나가고 농촌에는 행동하기 어려운 늙은 사람들만 남은 데다가 종가의 권위가 날로 위축되는 시대에 종택을 지탱하여 나가기는 쉽지 않은 일이다. 차종손에게 종가를 지켜 나갈 일을 물었다.

저들 같은 경우에 서울에 있는데 제가 자식이 네 명입니다. 1남 3년데, 밑에 애들은 어린 편이예요, 아직. 제가 올해 오십하난데, 밑에 막내가 초등학교 2학년, 고 위에 초등학교 4학년, 또 고 위에는 올해 고2, 큰놈은 대학교 2학년, 이런 식인데 마음은 뭐 항상 그렇지요. 할아버지가 지금도 저래 걱정이 많은데, 지금 하는 사업을 다 잡아 주더라도 내려오고 싶은 마음은 정말 굴뚝같습니다. 이건 뭐 아마 종가를 지기는 큰집 주인 다 그런 마음인 거 같아요. 근데 현실적인 문제는 애들 교육도 문제지만, 사실은 저희들이 살아가기 위한 생활의 문제가 많이 걸려 있는 편입니다. 이번에 서울에서 과일도 다 봐 왔는데, 추석장만 보는데 150만원이 드갔어요. 큰제사 같은 경우에는 또 큰제사는 저희 종중에서 또 따로 차립니다. 그러면 그런 거를 생각하면 깜깜하다는 거예요, 사실은. 다른 분들이야 말이 쉽게 야 뭐, 종가 집 크고 드가 살면 안 되나, 이렇게 얘기하는 분 많이 있지만, 실지 현실적인 문제로 되돌아가서 그런 걸 따져 보고, 향후에 흘러갈 때 손님 오시면 대접하고 제사 다 모시고, 이런 걸 생각해 본다면 쉽게 엄두가 사실 안 날 경우가 많이 발생하지요.

종가 살림에 있어서 가장 중요한 것은 제사를 받들고 손님을 접대하는 일이다. 문충공종택의 제사는 점필재 불천위의 기제사만 3번, 4대 봉사위의 기제사 8번, 설·추석의 차례와 묘제를 합쳐 모두 14번을 치른다고 한다. 제사의 경비는 종중에서 담당하는 불천위 세 위를 제외하고 모두 종손이 부담한다 하니, 그 제사를 받드는 비용만으로도 부담이 적지 않을 것이다. 게다가 종가를 지키면서 오가는 손님을 접대하고, 종손으로서 각처에 출입하면서 드는 비용이나 품도 적지 않을 터이다. 그러기에 차종손 진규는 병석에 누워 계신 양친의 뒤를 이어 앞으로 종가를 이어 나갈 걱정이 드는 것이다.

근데 인제 종가가 계속 유지되고 발전하려면 문중이 계속 일정한 역할을 해 줘야 되는데, 그 몫은 과거에는 문중 쪽에서 많은 힘을 써 줬지만 제가 생각하기에는 점점 문중의 개념이 희박해져 가기 때문에, 결국은 종가에서 어떻게 하면 문중을 다시 모을 수 있는 방법을, 결국은 반대로 돼야 할 것 같애요. 옛날에는 문중에서 종손이 못 살면 뭐 누구 말대로 '신주 갖고 도망간다' 카면 도와주기도 하고 그렇게 하였지만, 이제는 개념이 조금 바뀌어야 돼요. 제가 생각하기로는 이제 결국은 종가에서 종손이 어떻게 하면 문중을 모을 수 있을까. 이거의 연구는 결국 우리의 몫으로, 제 몫으로 와 있는 것 같아요. 문중의 문제는 결국은 종가, 종손의 문제로 남아 있는 거죠.

그럼에도 차종손은 종가를 지켜 가는 것을 자신의 당연한 책임으로 여기고 있었다. 그는 차종손으로서 언젠가 종택에 들어와 종가를 지키고 자손을 모을 계획을 말하였다.

지금도 뭐 사실은 집사람이나 저나 똑같은 생각이에요. 예를 들면 언젠가는 어른 분들 돌아가시니까, 돌아가신다 그러면 제가 이 집에 돌아오는 거는 당연한 거지요. 그런데 그게 시기가 살아 생존해 계실 때 들오느냐 돌아가신 다음에냐 그 차이점이 있다는 거지, 그건 당연하다고 생각하고요. 저희들도 형제간이 삼형젠데, 동생 둘도 당연히 돌아온다고 생각하고 있고, 그래 생각하고 있습니다. 종손으로서 앞으로 종손이 되었을 때 뭘 할 거냐? 단 하나지요. 여기 할부지 말씀하신 대로 집을 지키면서 우리 일족들 젊은 애들, 어린애들 해서 일 년이면 한 번 아니면 두 번 방학 때, 자꾸 고향을 자꾸 잊어가거든요. 왜냐면 지금도 우리 객지를 떠난 분들 여 동네 살았던 분들은 서울 종친회라든지 또 다른 모임에 가더라도 뭐 종가가 뭔지도 압니다. 그래서 제가 하고 싶은 거는 그거지요. 들어온다면

물론 다른 일도 열심히 하겠지만, 일 년에 한 번 아니면 두 번
이라도, 객지에 나가 있는 집의 자손들을 불러서 예를 들면 집
이 어떤 집안이고, 이걸 꼭 전하고 싶고, 나머지는 제 개인적으
로 해야 될 일이고, 그 교육을 꼭 한 번 하고 싶습니다.

고향을 잊어버리니 고향을 깨우치기 위하여 일족의 자제를
모아야 하겠다는 차종손의 바람은, 부부 단위의 핵가족마저 1인
가구로 핵분열을 하고 있는 오늘날 친족 집단의 자기정체성을 어
떻게 유지해 나갈 것인가에 대한 고민이다. 대부분의 사람들이
생활의 주된 근거지를 도시에 두고 있어서 농촌생활에 익숙하지
않은 데다, 그나마 종택이 있는 동족마을에서 태어난 사람들도
생업과 자녀교육을 위해 도회지로 나가 되돌아오지 않는 경우가
많은 것이 오늘날의 현실이다. 고향으로 되돌아와서 일족의 구
심체로서 종택을 지켜 나가겠다는 차종손의 결심이 도회지에서
생장한 세대의 만년 귀농 풍속과 더불어 현대사회의 종가문화의
한 모범을 이루기를 기대해 본다.

3. 사당을 세우는 뜻은

예전에 종손 김병식은 집안의 가훈이 무엇이냐는 질문에 대하여, 이렇게 답한 적이 있다고 한다.

> 내 18대조가 문강공文康公인데 그 어른 가훈이 있어요. '효는 백행지본百行之本이라.' 그게 우리 가훈이라. 지금까지 그 가훈을 쓰고 있어. 우리 동네 여 앞에 가면 오세효행비가 있어. 그러니 그 어른 우리 집에 진짜 효자라 모두.

그래서 차종손에게 물었다. 지난번 종손께서 효를 많이 강조하셨는데, 그게 이 댁의 가훈이라면 종손께서 그것을 어떻게 교육하셨냐고. 그랬더니 차종손이 대답하였다.

효라는 게 제가 생각할 때는 그렇습니다. 누가 뭐 가르쳐서 효를 할 수 있는 것이 아니고, 본인 스스로가 자기 부모님한테 어떻게 하는 걸 배우는 거지요. 효를 하려면 어떻게 이런 걸 가르치는 게 아니라는 거죠. 그렇죠. 제 스스로가 어떻게 부모님한테 하느냐에 따라서 밑에서 자연적으로 따라오는 게 아니겠습니까. 그거를 안 잊어버리고 생각하고 있어요.

옆에 있던 김기수 노인이 잇달아 거들었다.

가정교육이라 카는 것이 부모가 자녀들을 델꼬 앉아서 교육시키는 게 아니거든요. 견문입니다. 그 가정에서 부모들과 이웃 사람들이 행하는 그 언어, 말 한마디 하는 거와 행동하는 거를 보고 듣고 느끼는 데서 있는 교육, 가정교육이 아닙니까. 사실 우리는 좋은 조상을 모시고 후광을 많이 받고 있지만은 사실 우리 자손들은 우리 조상의 발밑도 못 따라가거든요. 그 뭐 말할 것도 없지. 따라간다고 그렇게 생각하마. 그러나 우리는 그래도 지금 현재 '우리 나름대로 좋은 조상을 모시고 있으니까 남한테 욕은 안 얻어먹어야 될 거 아이가.' 그러한 긍지를 가지고 살았고.

효는 가르치는 게 아니다. 스스로 부모로부터 배우는 거다. 가정교육은 데리고 앉아 교육 시키는 게 아니다. 보고 듣는 거다. 언제 어디서든 들을 법한 이야기이다. 그렇지만 세대의 차이가 있는 두 사람에게서 같은 이야기를 듣는 것은 쉽지 않다. 종손 김병식도 비슷한 말을 한 적이 있었다. 삼년상을 치르는 문제에 대하여 그는 언젠가 이렇게 말한 적이 있었다고 한다.

> 사람들이 여기에 이렇게 많이 모였는데, 3년상을 내라 안 내라 말할 사람이 누가 있느냐? 자기의 성의이다. 나는 불천위 사당을 모시고 있기 때문에 나는 3년상 낸다. 근데 나는 반드시 3년상 한다고 확언을 하지만 남에게 이것을 강요할 수는 없지 않느냐? 그건 각자 알아서 하지 누가 권해 할 일이 아니다. 제가 생각대로 해야지 그걸 누가 시켜 가지고 하는 거는 안 된다.

종손 김병식은 나이 열다섯에 아버지와 할아버지의 상을 잇달아 당하여 3년상을 겹쳐서 치렀고, 또 1988년에 모친상을 당하여서는 앞서 선언한 대로 3년상을 치렀다고 한다. 그러나 그는 각자의 마음에 맡길 뿐 강요하지 않는다고 하였다. 이렇게 보면 점필재종택과 개실을 지키는 세 사람의 생각은 그 맥락이 하나로 통한다. 효는 가르치는 게 아니다. 스스로 배우는 거다.

스스로 배워서 전하는 효는 따지고 보면 점필재 집안의 가학

이다. 약산 오광운은 오효의 한 분인 매암 시사의 묘지명을 지었
는데 그 첫머리에 다음과 같이 적었다.

> 우리나라 도학과 명절과 문장은 모두 김 점필재 선생에게서
> 근원하고, 점필재의 행실은 효에 근원하는데, 효가 점필재의
> 가학임은 『이준록』을 상고하면 알 수 있다.

오효의 한 분인 죽헌 문정의 증손 사묵 역시 그 증조부의 행
장 말미에 다음과 같이 적었다.

> 우리 집안의 가업은 문충공으로부터 일어났는데, 문충공이 도
> 道로 삼았던 것은 효제孝悌뿐이라고 해도 지나치지 않는다. 이
> 때문에 후세에 어질고 효성스런 사람이 많았다.

점필재는 그 부친 강호 김숙자의 지극한 효성과 독실한 우애
를 『이준록』에 자세하게 기록하였고, 점필재의 지극한 효성과 우
애는 그 문집과 문도들의 기록에 남아 전한다. 점필재의 도덕과
학문이 『소학』과 『효경』과 『가례』의 실천을 근간으로 형성되었
고, 그가 지방관으로 나가 향음주례와 향사례를 통하여 진작하고
자 하였던 것이 효도와 우애의 풍속이었으며, 그가 후학들에게
권장하고 격려한 것 역시 인륜의 미덕과 지식인의 책무였다. 그

랬기 때문에 그는 「안음현향교기安陰縣鄕校記」에 이르기를 "학문의 본원은 효도와 우애"라고 하였다. 그러니 점필재의 도와 점필재의 가업이 효도와 우애라고 하는 것은 결코 지나친 말이 아니다.

차종손에게 문충공 점필재 선생이라는 훌륭한 인물을 불천위 조상으로 모시는 정신적 의의에 대해서 물었더니, 대답이 간결하였다.

> 우리가 불천위를 모셨다는 정신이라. 근데 그게 거창하게 저희들이 뭐 '정신적인 지위다, 한국의 전통문화를 계승한다' 그런 생각을 가진 사람은 잘 없을 거예요. 저 어제도 집에 애들 다 불러다 놓고 "우리 집이 몇 년 됐는데 니 공부 열심히 해야 되는 이유 알겠냐?" 했더니, 알겠대 이제. 그런 식이지요. 보통 분들이 말씀하는 전통문화를 계승하고, 거창하게 말씀하시는데, 우리는 그런 거는 아닌 것 같아요. 저희들이 저희 할아버지니까 정말 열심히 모시고, 또 뭐 열심히 받들고 그렇게 해서, 그분께서 오랫동안 지켜 왔던 이 집을 내 대에서 무너뜨릴 수는 없는 일 아닙니까. 그리고 세상 살면서 한 번 더 집안을 되돌아보고 나쁜 짓 하지 않고. 뭐 그런 거지요. 거창하게 뭐 내가 불천위 전통문화를 계승한다, 이런 건 아닌 것 같습니다. 제가 생각할 때.

『효경』에 이르기를 "부모를 사랑하는 자는 감히 다른 사람의 미움 받을 짓을 하지 않고, 부모를 공경하는 자는 감히 다른 사람으로부터 소홀히 대접받을 짓을 하지 않는다"고 하였다. 불천위에 대한 그 어떤 포장도 하지 않고, 오직 조상에게 욕되지 않게 평소 생활에 성실하고 올바르게 처신하는 것이 조상을 모시는 도리라고 생각한다는 차종손의 솔직하고 겸허한 말에서 나는 『효경』의 정신이 접속되어 있음을 본다. 나를 낳아 주고 길러 준 분의 뜻을 욕되게 하지 않으려는 마음이 곧 대를 이어 불천위를 모시는 속 깊은 정신이 아니고 무엇이겠는가!

　20세기 중반 격변하는 시대에 종가를 물려받아 60년 한 갑자를 넘겨 문충공 종손으로서 종가를 지켜 온 김병식은 2011년 4월 29일 별세하였다. 이제 차종손이 종택을 물려받아 종가를 지켜 가야 할 것이다. 종가를 지켜 가야 하겠다는 결심은 저러하지만, 도회지를 떠나서는 자녀교육은 물론 생계를 보장하기 어려운 21세기의 현실에서 종가를 지켜 갈 차종손의 어려움은 적지 않을 것이다.

　그러면서 나는 또 점필재를 떠올린다. 1479년 12월 21일 점필재는 선산부사로 재직하던 공관에서 모시고 있던 모부인 밀양박씨의 상을 당하여, 이듬해 정월에 밀양의 못골 분저곡으로 돌아와서 선공의 산소 아래에 장사를 치르고는 50세의 나이로 묘소 아래에 여막을 짓고 시묘하였다. 그때 큰형의 아들 치緻에게 편지를 보내어 승중상의 상주로서 산소를 지키러 오게 하였다. 그 서찰의 말미에 다음 구절이 있었다.

> 비록 그렇지만, 주자께서 이르기를 "군자가 장차 집을 지을 적 에는 먼저 정침의 동쪽에 사당을 세운다"고 하는 말을 『가례』 의 첫머리에 놓아두었는데, 네가 그것을 알겠느냐?

그러고는 더 이상 말을 하지 않았다. 그 의미를 스스로 생각 해 보라는 말일 터이다. 그렇다. 『가례』의 첫머리에 '사당' 장이 있고, '사당' 장의 첫머리에 "군자가 장차 집을 지을 적에는 먼저 정침의 동쪽에 사당을 세운다"는 말이 있다. 이에 대하여 주석가 들 가운데 혹자는 동쪽이 존귀한 곳이라서 존중한다는 의리를 취 한 것이라 하기도 하고, 혹자는 부모님을 차마 돌아가셨다고 여 기지 않는 뜻이라고 하기도 한다. 그러나 점필재는 더 이상 말을 하지 않았다. 아마도 스스로 체득하라는 뜻일 터이다. 점필재의 장조카 치織는 점필재의 훈도를 받아 이보다 두 해 전에 이미 진 사에 합격하여 학식을 갖추고 있었으므로, 굳이 말할 필요가 없 었을는지도 모른다.

점필재가 말하지 않은 것을 단정하여 말하기는 어렵지만, 내 생각은 이렇다. 사당을 세우는 것은 부모님이 죽었음에도 그냥 그대로 죽어 사라진 것으로 여기지 않고 곁에 두고 모시는 행위를 전제로 이루어진다. 이미 죽은 사람을 죽었다고 여기지 않는 것은 어리석음이다. 그러나 내 생명의 근원이 부모님에게 있고, 부모님은 돌아가셨지만 그분께서 키워서 남긴 그 생명이 바로 나로서 이렇게 살아 있으니, 생명을 주신 근원인 부모님은 자손이 생존하는 한 사라지지 않는다. 게다가 살아계실 때는 친근하게 지내다가 돌아가셨다고 멀리하여 도외시한다면 그것은 사람의 도리가 아니다. 더구나 내가 내 생명을 발휘하는 일은 곧 내 생명을 있게 한 분들의 뜻을 발휘하는 것이라고 생각하면, 나는 나의 생명의 근원인 부모님을 늘 곁에 모시고 나의 생명의 의미를 반추하지 않을 수가 없다. 이렇게 생각하면 점필재는 그 형의 아들에게 『가례』의 '사당' 장을 통하여 인간의 존재의미를 깨우치려한 것이고, 점필재는 부모 자식의 관계 속에 개재하는 인간의 존재의미에 대한 자각이 곧 인류의 도리에 대한 실천으로 옮겨지는 것이라고 믿었던 것이리라.

참고문헌

『역주 점필재집』 I - II, 부산대 점필재연구소, 2010.
『점필재선생전서』 1-7, 계명한문학연구회 편, 학민문화사, 1996.

『경상북도 종가문화연구』, 경상북도 · 경북대영남문화연구원, 2010.
『김종직의 사상과 문학』, 밀양문화원, 2005.
『점필재 김종직과 그 제자들』, 부산대 점필재연구소, 2011.
『종가의 제례와 음식 선산김씨 점필재 김종직 종가』, 국립문화재연구소,
    2005.

김영봉, 『김종직 시문학 연구』, 이회문화사, 2000.
박선정, 『점필재 김종직 문학 연구』, 이우출판사, 1988.
이수건, 『영남 사림파의 형성』, 영남대학교 출판부, 1984.
이원걸, 『김종직의 풍교 시문학 연구』, 박이정, 2004.
일선김씨문충공파대종회, 『가곡세거지약사』, 2001.
정경주, 『성종조 신진사류의 문학세계』, 법인문화사, 1993.
정성희, 『김종직』, 성균관대출판부, 2009.

.